新型
压电铁电材料
电子性质

XINXING

YADIAN TIEDIAN CAILIAO

DIANZI XINGZHI

李佳斌　著

化学工业出版社

·北京·

内容简介

本书内容涵盖二维材料的压电响应、拓扑绝缘体的相变和钙钛矿的铁电性。全书共分为8章。第1章介绍了二维材料的发展历程，讲述了二维压电材料的发现和兴起，探讨了二维材料中压电铁电性对拓扑相变的调控以及钙钛矿中铁电性的起源；第2章简单介绍了理论计算的相关知识和计算软件；第3~5章主要内容为几种不同二维材料压电响应的具体计算；第6章主要介绍通过应变、压电响应等方法调控二维拓扑绝缘体材料拓扑相变；第7章重点探讨了有机无机杂化钙钛矿中铁电性的起源问题；第8章对压电铁电性在材料中的发展做总结与展望。

本书侧重于二维材料压电铁电性质的学习和理论计算，编写具有较强的专业针对性，旨在培养读者解决二维材料理论计算问题的能力。本书可以作为物理和材料领域从事理论计算的技术人员的参考书，也可以作为高等学校高年级本科生和研究生的教学参考书。

图书在版编目(CIP)数据

新型压电铁电材料电子性质/李佳斌著．—北京：化学工业出版社，2024.7
ISBN 978-7-122-45550-5

Ⅰ.①新… Ⅱ.①李… Ⅲ.①压电材料-物理性质 ②铁电材料-物理性质 Ⅳ.①TM220.14

中国国家版本馆CIP数据核字（2024）第088963号

责任编辑：严春晖　金林茹　　　装帧设计：王晓宇
责任校对：李雨晴

出版发行：化学工业出版社
　　　　　（北京市东城区青年湖南街13号　邮政编码100011）
印　　装：北京天宇星印刷厂
710mm×1000mm　1/16　印张 9½　字数 142 千字
2024 年 9 月北京第 1 版第 1 次印刷

购书咨询：010-64518888　　　　　售后服务：010-64518899
网　　址：http://www.cip.com.cn
凡购买本书，如有缺损质量问题，本社销售中心负责调换。

定　　价：98.00 元　　　　　　　　　　版权所有　违者必究

前言

随着科技的飞速发展，材料科学在许多领域中都发挥着至关重要的作用。其中，压电铁电材料作为一种独特的功能材料，因其具有压电效应和铁电效应，被广泛应用于传感、驱动、能源转换等领域。然而，传统的压电铁电材料在某些性能方面已无法满足现代科技的需求，因此，新型压电铁电材料的研究成为了当前研究的热点和难点。

新型压电铁电材料不仅需要具备优异的压电和铁电性能，还需要在稳定性、可靠性、环保性等方面达到新的标准。近年来，科研人员通过不断探索和尝试，成功研发出了一系列新型压电铁电材料，这些新材料在性能和应用上都展现出了显著的优势。

新型压电铁电材料的电子性质是其重要特性之一。电子性质不仅影响材料的导电性能、载流子行为等基础物理特性，还直接关联到材料的光电、热电、磁电等多功能效应。理解并掌握这些电子性质有助于深入挖掘新型压电铁电材料的应用潜力，进一步拓宽其应用范围。

然而，新型压电铁电材料的电子性质研究面临诸多挑战。首先，这些材料的复杂结构和多物理场耦合特性使得对电子行为的描述变得极为复杂。其次，现有研究手段和理论模型在描述新材料电子性质时仍存在局限性，使得精确预测和调控材料的电子行为变得困难。此外，不同新型压电铁电材料的合成条件、制备工艺对其电子性质的影响规律尚不明确，这为材料的设计和应用带来了诸多不确定性。

因此，本书旨在全面深入地探讨新型压电铁电材料的电子性质，通过实验和理论相结合的方法，系统研究新型压电铁电材料的电子结构、载流子行为以及相关物理效应。期望本书中的研究工作可为新型压电铁电材料的进一步发展与应用提供理论支持和实践指导。

本书得到山西省高等学校科技创新计划项目（项目号：2023L415）、山西省基础研究计划（自由探索类）青年项目（项目号：202303021222282）的资助，在此表示感谢！也感谢山西工程科技职业大学的鼎力支持！

限于编者水平，书中疏漏之处在所难免，恳请读者批评指正。

李佳斌

山西工程科技职业大学

目录

第 1 章　绪论　　001

1.1　引言　　001
1.1.1　二维材料的发现　　002
1.1.2　磷烯　　003
1.1.3　双面二维纳米材料　　005
1.1.4　超薄二维纳米材料　　006

1.2　压电效应　　007
1.2.1　压电效应的发现及其原理　　007
1.2.2　二维压电材料的兴起　　009

1.3　二维材料的拓扑相变　　015
1.3.1　二维拓扑绝缘体材料　　015
1.3.2　二维拓扑相变　　022

1.4　有机无机杂化钙钛矿材料　　027
1.4.1　无机钙钛矿结构　　027
1.4.2　有机无机杂化钙钛矿结构　　028

第 2 章　理论计算方法　　030

2.1　密度泛函理论　　030
2.1.1　Hohenberg-Kohn 定理　　030
2.1.2　Kohn-Sham 方程　　031

2.2 交换关联泛函 031
2.3 各种计算软件介绍 031
2.4 Berry phase 方法 033
2.5 density functional perturbation theory 方法 035
2.6 tight-binding theory 方法 035
2.7 二维拓扑绝缘体中的拓扑 Z_2 数 036

第 3 章 二维氧化黑磷烯的压电效应 037

3.1 引言 037
3.2 计算模型与方法 038
3.3 结果与讨论 039
    3.3.1 氧化黑磷烯的结构和电子性质 039
    3.3.2 氧化黑磷烯的压电效应 042
    3.3.3 氧化黑磷烯的光学性质 047
3.4 结论 048

第 4 章 二维 twist-boat 氧化磷烯的压电效应 049

4.1 引言 049
4.2 理论计算方法 051
4.3 结果与讨论 051
    4.3.1 twist-boat 构型氧化磷烯的结构和稳定性 051
    4.3.2 twist-boat 构型氧化磷烯的电子性质 054
    4.3.3 twist-boat 构型氧化磷烯的压电效应 057
    4.3.4 twist-boat 构型氧化磷烯的光学性质 062
4.4 结论 063

第 5 章 二维 TIP 构型氢化后的压电效应 065

5.1 引言 065
5.2 计算模型与方法 066

5.3　结果与讨论 　　　　　　　　　　　　　　　　　067
　　　　5.3.1　TIP 结构氢化后的结构和稳定性　　　　067
　　　　5.3.2　TIP 结构氢化后的电子性质　　　　　　069
　　　　5.3.3　TIP 结构氢化后的压电效应　　　　　　070
　　　　5.3.4　TIP 结构氢化后的光学性质　　　　　　072
　　5.4　结论　　　　　　　　　　　　　　　　　　　073

第 6 章　二维 1T′-WSTe 中的拓扑相变　　　　　　075

　　6.1　引言　　　　　　　　　　　　　　　　　　　075
　　6.2　计算模型与方法　　　　　　　　　　　　　　076
　　6.3　结果与讨论　　　　　　　　　　　　　　　　077
　　　　6.3.1　二维 1T′-WSTe 的结构和电子性质　　　077
　　　　6.3.2　二维 1T′-WSTe 的拓扑性质　　　　　　080
　　　　6.3.3　二维 1T′-WSTe 导带和价带的有效模型　082
　　　　6.3.4　二维 1T′-WSTe 的压电效应　　　　　　085
　　6.4　结论　　　　　　　　　　　　　　　　　　　086

第 7 章　有机无机杂化钙钛矿的铁电性　　　　　　　088

　　7.1　引言　　　　　　　　　　　　　　　　　　　088
　　7.2　计算模型与方法　　　　　　　　　　　　　　091
　　7.3　结果与讨论　　　　　　　　　　　　　　　　091
　　　　7.3.1　NH_4PbI_3 立方相的结构和铁电性质　　091
　　　　7.3.2　NH_4PbI_3 四方相的结构和铁电性质　　093
　　　　7.3.3　NH_4PbI_3 正交相的结构和铁电性质　　095
　　　　7.3.4　NH_4PbI_3 结构铁电性的起源　　　　　097
　　7.4　结论　　　　　　　　　　　　　　　　　　　098

第 8 章　总结与展望　　　　　　　　　　　　　　　099

　　8.1　总结　　　　　　　　　　　　　　　　　　　099

    8.2 展望   101

参考文献   103

附录   129

    附录 A   9 种不同氧化磷烯异构体的晶体结构参数、功函数和能量值   129

    附录 B   9 种不同氧化磷烯异构体的结构俯视和侧视图   130

    附录 C   二维 TIP 构型氢化后的热力学结构及能量图   132

    附录 D   二维 1T'-WSTe 中的拓扑相变   133

    附录 E   有机无机杂化钙钛矿的铁电性   139

第 1 章

绪论

1.1 引言

  当下,压电效应在电子传感技术中得到广泛应用,尤其在家用电器以及谐振器件、滤波器件等方面具有广阔前景。目前,基于压电效应的传感器已经走进了千家万户,在社会生产的各个方面得到了很好的应用,对社会的进步产生了积极作用。随着电子技术与材料科学领域的飞速发展,可以预见,对压电效应的深入研究和开发将产生更多创新性成果,为人类带来科技创新的福音。目前,得益于二维材料的蓬勃发展及其在各种纳米器件中的广泛应用,例如,二维压电材料可用于传感器、制动器、电场发生器和任何其他需要电能和机械能转换的应用场合中,使得二维压电材料的热度和需求不断上升,也让研究者们对二维压电材料产生了浓厚的研究兴趣。

  二维材料的发现不仅仅对压电材料的发展产生了推动作用,在凝聚态物理领域的其他方向都引起了研究热潮,例如电催化、光催化、钙钛矿电池、锂电池、拓扑半金属、拓扑绝缘体等。其中,二维拓扑绝缘体材料中的拓扑相变更具吸引力,这是由于二维拓扑绝缘体中的拓扑相变具有很好的应用和前景。而且量子阱中的拓扑相变也可以通过压电效应来调控,制备出拓扑绝缘体的压电晶体管,基于拓扑绝缘体的压电晶体管可用于超低功耗的开关、逻辑单元和应变传感器中。

1.1.1 二维材料的发现

2004 年单层的石墨烯被 Manchester 大学的 Novoselov 和 Geim[1] 在实验中采用机械剥离的方法成功制备出,如图 1-1 所示,它揭开了二维材料的序幕,促使研究者们加入了新型二维材料的研究潮流中,使二维材料成为物理化学、拓扑学、材料科学等领域的研究热点之一。

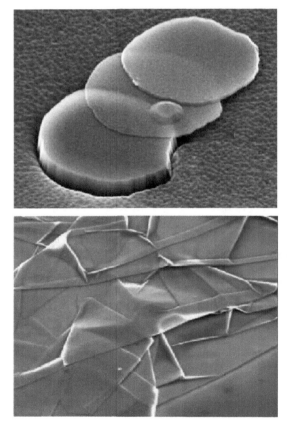

图 1-1　Geim 和 Novoselov 于 2004 年首次制备的石墨烯样品[1]

随后,有许多二维材料被不断发现并通过实验成功制备出来,例如六方氮化硼(h-BN)、二硫化钼(MoS_2)等。单层 h-BN 通过实验已成功制备,它的结构与石墨烯非常类似,也具有蜂窝状的结构,其层内 B 和 N 原子间形成 sp^2 杂化的共价键,而层间则以很弱的范德瓦耳斯力相互吸引来结合。

它的晶体结构是非中心对称的，可用于二维纳米压电等设备中。

MoS_2 也是一种通过实验成功制备出的二维材料，它的体构型有 3 层，属于 2H 相，中间一层是 Mo 原子，上、下两层是 S 原子。它的块体材料是中心反演对称性的晶体结构，而单层和奇数层结构破坏了块体结构的中心反演对称性，具备了压电材料的必备条件之一——非中心反演对称性，因而具有了压电效应。计算结果表明，单分子层 MoS_2 具有压电效应，但由于相邻原子层的反极化方向的影响，使压电效应在块体材料中整体消失。Wu 等人[2,3] 证明了周期性的拉伸和压缩应变可以测量压电信号，并且只有奇数原子层的 MoS_2 薄片中存在压电信号。

1.1.2　磷烯

2014 年，Liu 等人[4] 从层状的黑磷上通过机械剥离的方法制备出了单层的黑磷，它被命名为黑磷烯，如图 1-2 所示。二维的黑磷烯在载流子迁移率等性质上表现出了优异的效果，使得黑磷烯在场效应晶体管、光电子器件、气体传感器及太阳能电池等方面有着广阔的应用前景。由于黑磷烯在空气中不稳定，因此，研究者就想通过磷烯的同素异构体来代替它。Zhu 等人[5] 预测了面内六角结构和层状堆叠结构的磷烯，被命名为蓝磷烯。2014 年，Guan 等人[6] 提出，可以将不同层的磷烯异构体的非平面原子结构映射到两种颜色的二维三角形图案上，从而预测出多种不同的磷烯异构体。同年，除了层状的黑磷烯（α-P）和蓝磷烯（β-P）外，他们还提出了 γ-P 和 δ-P 两种额外稳定相的层状磷烯[7]，如图 1-3 所示。在 2015 年，Wang 等人[8] 对黑磷烯进行了表面氧化，发现磷和氧的化学计量比为 1∶1 的结构最稳定，而且它的结构发生了变形，破坏了黑磷烯原有的中心反演对称，使其结构变成了一个极性的非中心反演对称的空间群，图 1-4 是黑磷烯氧化变形后的结构图和声子谱图。而 Zhao 等人[9] 预测了一种新的磷烯相，通过对之前提出的黑磷烯和蓝磷烯的片段进行重组，得到一种新的磷烯异构体，被命名为红磷烯。研究发现，当对红磷烯在不同方向施加应力时，其能带会随着应力的增大，由半导体型的带隙转变为金属型。

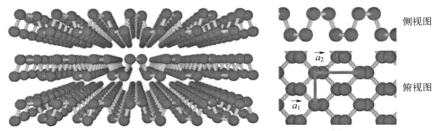

图 1-2 层状块体黑磷和单层的黑磷烯示意图[4]

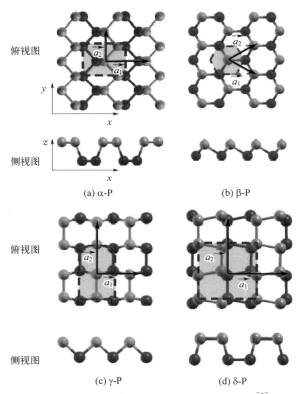

(a) α-P (b) β-P

(c) γ-P (d) δ-P

图 1-3 几种不同构型的磷烯异构体示意图[7]

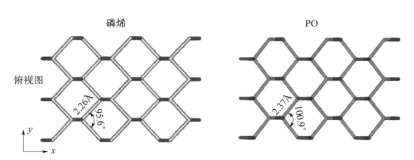

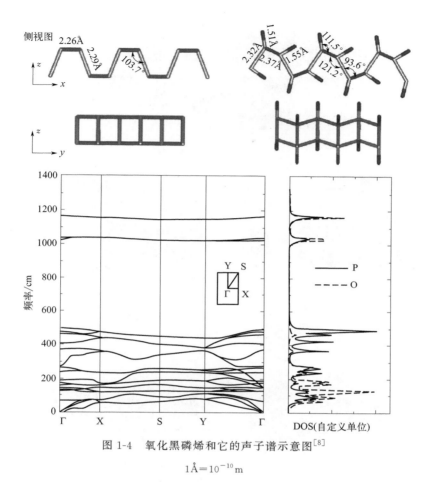

图 1-4 氧化黑磷烯和它的声子谱示意图[8]

1Å=10^{-10}m

1.1.3 双面二维纳米材料

2017 年，Zhang 研究组[10]将 MoS_2 的其中一层用 Se 原子替换，在实验上成功制备出了拥有双面结构的二维 SMoSe，如图 1-5 的上图所示；而在另一个研究组，Zhang 等人[11]也通过实验成功制备出了拥有双面结构的二维 SMoSe，但他们是通过对 $MoSe_2$ 的其中一层用 S 原子替换的方法进行制备，如图 1-5 的下图所示。这两种方法为理论和实验研究者提供了一个新的思路，即 MX_2（上中下三层）的原子晶体结构可以通过替换其中某一层（上层或者下层）的原子来预测新的二维双面结构 MXY。

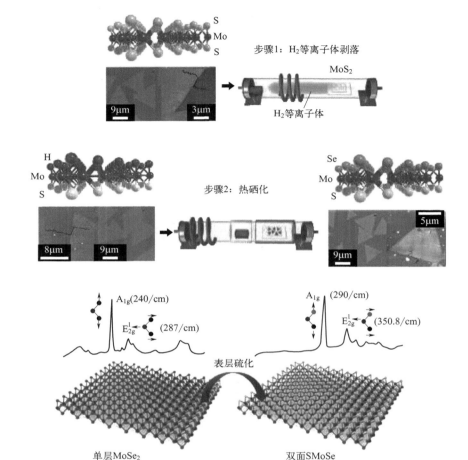

图 1-5 分别用单层 MoS_2 制备双面 $SMoSe$[10] 和
单层 $MoSe_2$ 制备双面 $SMoSe$ 示意图[11]

1.1.4 超薄二维纳米材料

在过去的十年中,超薄二维纳米材料在凝聚态物理、材料科学和化学领域等方面的研究取得了惊人的进展,如金属有机骨架化合物(MOFs)、共价有机框架材料(COFs)、聚合物、金属、黑磷烯、硅烯和 MXenes 等,如图 1-6 所示[12]。这些超薄的二维纳米材料丰富了二维材料家族,它们独特的优势来自于超薄结构,这种独特的优势可以应用于电子、催化、储能等领域,带来革命性的变化。此外,这种独特的纳米材料展现出了许多前所未有的性能，因此在许多有前景的应用领域中得到了应用。MXenes 是一种新型的二维材料，由几个原子层厚度的过渡金属碳化物、氮化物或碳氮化物构成。MXenes 最初在 2011 年被报道，随后引起了科研人员的广泛兴趣。它被应用于电池、超级电容器、光热转换和电磁屏蔽等各个领域。

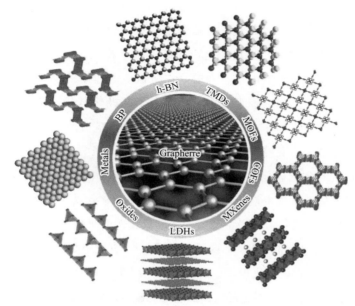

图 1-6　典型的二维超薄纳米材料示意图[12]

这些二维材料通常具有较高的结晶度、优异的机械性能和压电性能，使它们成为设计下一代高性能电子和光电子器件的理想候选材料。

1.2　压电效应

1.2.1　压电效应的发现及其原理

1880 年，居里兄弟在研究热释电现象和晶体对称性时，在 α-石英晶体上最先发现了压电效应。紧接着在 1881 年，他们通过实验验证了逆压电效应，并得出了正逆压电常数。而后在 1984 年，德国物理学家沃德马·沃伊特提出了只有无对称中心的 20 个点群的晶体才可能具有压电效应的推论[13-15]。但是在 32 个点群中没有中心反演对称性的点群是 21 个，其中，432 点群由于其对称性很高，目前为止还没有发现它表现出压电效应。含有中心反演对称性的结构，在未加应力的情况下，正负电荷的中心重合而不发生分离，沿力的方向不产生电偶极矩，即不产生极化；当施加上应力时，由于任何形变不能破坏晶体结构的中心反演对称性，所以正负电荷的中心还是不能分离，也就不能诱导出极化电荷而产生压电效应。

压电效应是指在没有电场存在时，在机械应力作用下使电介质晶体在内部产生极化，并在晶体表面形成电荷的现象，即极化电荷。具有这种现象的电介质材料，就称之为压电体材料。通常将压电效应分为正压电效应和逆压电效应。正压电效应是指对极性晶体施加切向力、压力、张力时，发生与应力作用成比例的介电极化，同时在晶体的两端出现相反的电荷，继而形成极化，是由机械能转化成电能；逆压电效应是指在非中心反演对称的极性晶体上施加电场而引起的极化，将产生与电场强度成比例的机械应力或变形，是由电能转化成机械能。以 ZnO 为例，由于 Zn^{2+} 和 O^{2-} 有效中心重叠，在不施加外部应力的情况下，不存在极化现象。当一个力作用在 ZnO 四面体的顶部时，两个中心向相反的方向移动，沿力的方向产生电偶极矩，如图 1-7 所示[16]。

偶极极化的连续叠加产生宏观电势，即压电势[17,18]。只要施加了力，电位就会存在，其电位大小由施加的力和掺杂浓度来决定。压电效应在非中心对称结构的第三代半导体中的应用前景广阔。当压电材料的尺寸减小到纳米级时，会出现量子波行为和一些有趣的量子效应。本书重点研究的是正压电效应，如图 1-8 所示[19]。

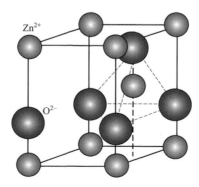

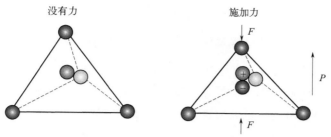

图 1-7 ZnO 的结构以及施加应力之后的极化示意图[16]

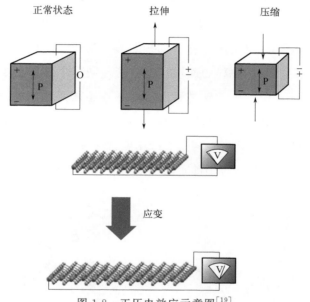

图 1-8 正压电效应示意图[19]

1.2.2 二维压电材料的兴起

二维材料的压电效应兴起于 2012 年，Swapnil 和 Pradeep 所在的研究组[20] 通过在石墨烯上挖三角形孔洞，来破坏它本征的非压电材料的中心反演对称性，进而获得压电效应，如图 1-9（a）和（b）所示。Mitchell 和 Evan 所在的研究组[21] 在 2012 年也开始研究二维材料的压电效应，同样是通过破坏石墨烯的中心反演对称性，但是他们与 Swapnil 和 Pradeep 的研究组采取的方法不同，他们通过化学掺杂的方法在石墨烯不同的空位上吸附不同比例的单原子（H、Li、K、F）或者双原子（LiF、HF），进而打破其中心反演对称性，获得压电效应，如图1-9(c)所示。同年，Mitchell和Evan所在的研究组[19]也对过渡金属和六方氮化硼进行了相应的压电效应研究，由于这几种材料的块体不是本征的压电材料，而它们的单层没有中心反演对称性的结构，因此是本征的二维压电材料，如图1-10(a)所示。由于当前研究的二维压电材料的压电效应都较小，这激励着研究者们不断探索二维压电材料，以寻找具有更大压电效应的材料。在2013年，Mitchell和Evan所在的研究组[22]在不同构型的石墨烯表面吸附不同比例的氢原子（H）和氟原子（F），不仅诱导出了面内的压电效应，而且还诱导出了面外压电效应。2014年，Young-Han等人[23]在不同构型的六方氮化硼上吸附氢原子（H）和氟原子（F），增强了材料的面内压电效应，同时也诱导出了面外压电效应，如图1-10(b)所示。不管是面内压电系数还是面外压电系数，上述几种二维压电材料的压电系数都不是很理想，与三维压电材料的压电系数相比差距较大，但这不仅为研究者探索二维压电材料带来了挑战，更激发了他们对二维压电材料未来广阔应用前景的无限期待。

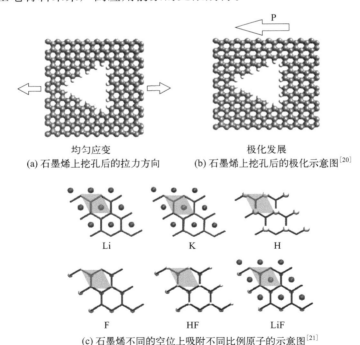

(a) 石墨烯上挖孔后的拉力方向　　(b) 石墨烯上挖孔后的极化示意图[20]

(c) 石墨烯不同的空位上吸附不同比例原子的示意图[21]

图1-9　石墨烯压电效应

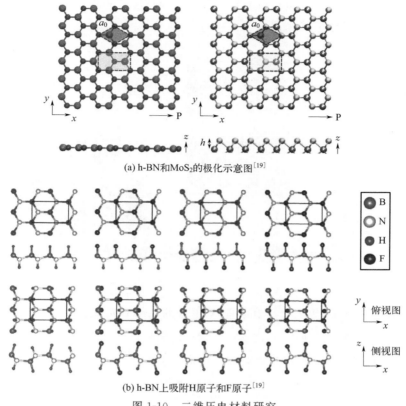

(a) h-BN和MoS$_2$的极化示意图[19]

(b) h-BN上吸附H原子和F原子[19]

图 1-10 二维压电材料研究

2015 年后,研究二维材料压电效应的研究者越来越多,其中 Yang 等人[24]研究第Ⅳ主族单层的硫化物,他们发现,在迄今为止的二维压电材料中,硫化锗(GeS)、硫化亚锡(SnS)、硒化锗(GeSe)和硒化锡(SnSe)的面内压电应变系数 d 是最大的,其中硒化锡(SnSe)的面内压电应变系数 d 高达 250.58pm/V,而最小的硫化锗(GeS)的面内压电应变系数 d 也达到了 75.43pm/V,如图 1-11 所示。Alyörük 等人[25]也对过渡金属的硫化物和氧化物进行了压电效应的研究,他们发现,基于 Ti、Zr、Sn 和 Cr 的过渡金属的硫化物和氧化物比基于 Mo 和 W 的过渡金属的硫化物和氧化物有更好的压电效应。在二维压电材料如春笋般不断涌现的情况下,科研工作者们开始关注寻找具有面外压电效应的二维材料。要寻找面外压电效应的材料,必须选择具有褶皱或起伏结构的非中心对称性晶体结构,因此,符合条件的二维材料较少。目前,最主要的方法就是预测新结构,可以通过结构搜索等软件或者化学修饰来实现。

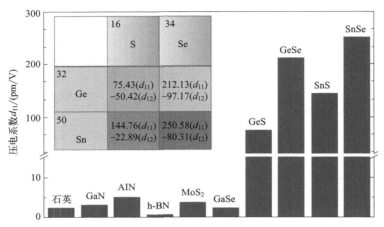

图 1-11 第Ⅳ主族单层硫化物的压电系数[24]

2017 年,Gao 等人[26] 对第Ⅲ-Ⅴ主族的二维蜂窝状单层翘曲结构进行了压电效应的研究,如图 1-12(a) 所示。他们发现,具有蜂窝状单层翘曲结构的二维材料具有较好的压电效应,压电效应优于目前已经制备出来和预测的二维 h-BN、C_2k 和 C_2Li。由于翘曲的厚度较小,在实验中能够很容易地实现垂直于薄片表面上的较大电场,这是块体材料无法做到的。这一特性在纳米级别的器件(如继电器和场效应晶体管)中非常有用。随后,大连理工大学的 Zhao 等人[27] 从理论上在双面的第Ⅲ主族硫化物上实现了压电效应的增强。他们设计了具有双面结构的第Ⅲ主族硫化物 Ga_2SSe、Ga_2STe、Ga_2SeTe、In_2SSe、In_2STe、In_2SeTe、$GaInS_2$、$GaInSe_2$ 和 $GaInTe_2$ 等一系列结构,如图 1-12(b) 所示,发现它们比较可观的面内压电应变系数(1.91~8.47pm/V),而且由于破坏了镜面对称性,从而诱导出了 0.07~0.46pm/V 的面外压电应变系数。

2018 年,Jia 等人[28] 通过化学修饰的方法在单层的五角石墨烯(PG)表面上进行氢氟化,如图 1-13 所示。他们发现,预测的新结构 H-PG-F 展示出了面外压电应力系数 e_{31}($0.97×10^{-10}$C/m),而且这个新结构 H-PG-F 的压电应力系数 e_{31} 比目前发现的其他二维材料相应的压电应力系数都要出色,从而验证了氢氟化是增强五角石墨烯压电效应的一种有效的方法。

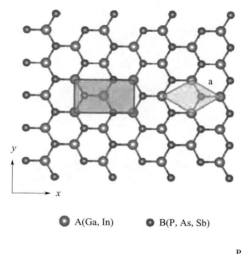

(a) 第Ⅲ-Ⅴ主族蜂窝状单层翘曲结构[26]

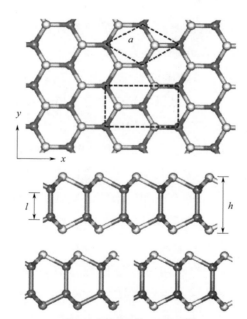

(b) 第Ⅲ主族硫化物的双面结构[27]

图 1-12　第Ⅲ-Ⅴ主族蜂窝状单层翘曲结构与第Ⅲ主族硫化物双面结构图

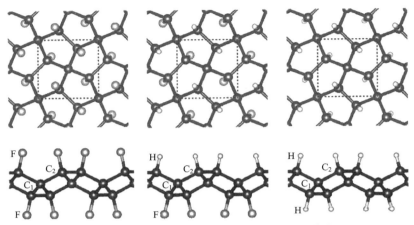

图 1-13 单层五角石墨烯表面氢氟化的结构[28]

压电光电子学是一个涉及光激发、压电和半导体耦合的新兴领域。压电半导体具有非中心对称晶体结构。压电光电效应可以通过控制金属半导体触点的肖特基势垒高度或 PN 结的内置势来调节载流子的产生、分离、输运和复合。Michael 等人[29] 的研究表明，Ⅳ族单硫系化合物的压电常数比其他二维材料的预测值要高。他们的工作旨在从理论上研究压电光电材料的特性，用单层第Ⅳ族硫化族合物，如 SnSe、SnS、GeSe 和 GeS 的金属-半导体接触，研究了二维压电光电太阳能电池的性能以及外加应变作用下压电电荷的调制比，得出压电光电效应在提升太阳能电池性能发挥着关键作用。他们基于Ⅳ族硫族化合物的研究为生产高性能的太阳能电池开辟了一条新的道路。Dai 等人[30] 在压电光电效应的驱动下，提出了一种基于多层 γ-InSe 结构的不需要任何能量供应的柔性自驱动光电探测器。压电效应在太阳能电池、摩擦发电和纳米压电发电等领域的应用得到很大的发展。

接下来介绍摩擦发电和纳米压电发电的最新进展。

2019 年，Cai 等人[31] 利用第一性原理计算发现，双层的双面 MXY（M 为 Mo 或 W，X/Y 为 S、Se 或 Te，且 X≠Y）结构中面内的层间滑动，将显著增强垂直方向的压电效应。摩擦-压电转换机制通过摩擦能量转换来克服 A-A 堆垛的层间滑动阻力，因此，可获得最强的面外压电效应。减小双层的双面过渡金属结构的层间距离来增加滑动势垒，改善了结构中上下表面在垂直方向产生电荷极化和感应电压。基于此，Cai 等人提出了一种基于双层的双面过渡金属结构的摩擦压电的压缩滑动设计方案，用于制造新型纳米发电机。图 1-14 是摩擦压电效应在双层的双面过渡金属结构中的工作原理示意图。目前有很多关于摩擦压电[32-60]现象的报道，它的应用也比较广泛，可将其植入人体或用在可穿戴电子器件中。目前，由王中林院士率先提出的压电纳米发电机[61-90]也有很好的应用前景。

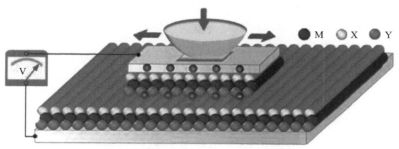

图 1-14　摩擦压电效应在双层的双面过渡金属结构中的工作原理示意图[31]

由于二维材料具有良好的晶格质量和耐大应变的性能，是一种很有前途的压电材料[91-93]。二维半导体材料中的压电性能，使其在纳米机电系统、敏感生物探针和柔性电子器件等领域有着广阔的应用前景[2]。压电效应也是第三代和二维单层半导体中普遍存在的一种非点阵中心对称效应，在量子计算、量子存储、量子通信等领域显示出巨大的应用潜力。

1.3　二维材料的拓扑相变

1.3.1　二维拓扑绝缘体材料

自从 2004 年石墨烯通过实验被成功制备以来，它成为了首个 2D 绝缘体材料[1]的模型，研究者对拓扑绝缘体的研究产生了浓厚的兴趣。2005年，Kane 和 Mele 研究组[94]在石墨烯上发现了量子自旋霍尔效应，即拓扑绝缘体，它与普通绝缘体一样，都有体带隙。不同的是，拓扑绝缘体的表面态或边界态是可以导电的（拓扑绝缘体具有表面态或边界态，而这个表面态或边界态是连通的，电子可以自由移动，因此它是可以导电），并且有一个强的抗微扰的非平庸的拓扑序，这个量子自旋霍尔相可以在低温电荷转移和自旋现象中观察到。然而，由于石墨烯中碳原子的自旋轨道耦合效应很弱，这个理论模型其实不能通过实验观察到。于是人们开始在重金属元素组成的材料中寻找量子自旋霍尔效应，如图 1-15 所示。研究人员发现，典型的二维 Z_2 拓扑绝缘体是 HgTe/CdTe 量子阱，HgTe/CdTe 量子阱的自旋轨道耦合非常强，这不仅激发了理论研究人员的研究热情，也为实验人员在实验观测上提供了信心。

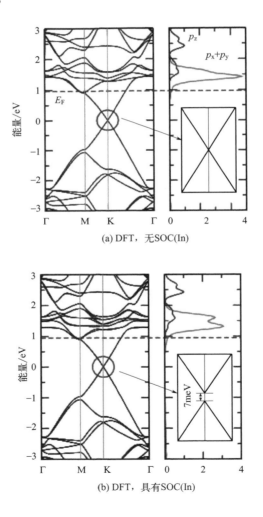

(a) DFT，无SOC(In)

(b) DFT，具有SOC(In)

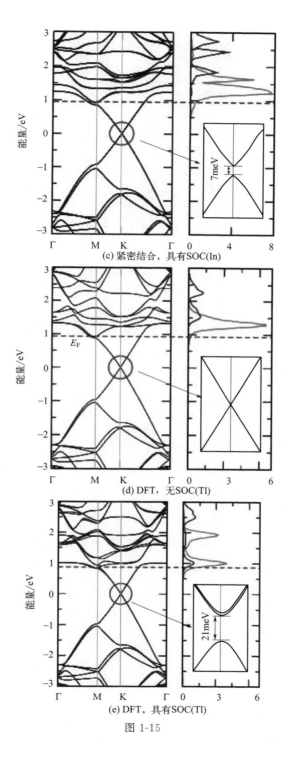

图 1-15

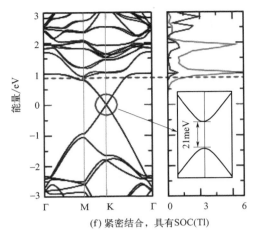

(f) 紧密结合，具有SOC(Tl)

图 1-15　重金属元素铟（In）和铊（Tl）在石墨烯上诱导量子自旋霍尔效应[97]

1eV=1.602176634×10^{-19}J

拓扑绝缘体具有无带隙的表面态和绝缘体，在绝缘体的表面有奇异的金属状态。这些状态是由拓扑效应形成的，拓扑效应也使在这些表面上行进的电子对杂质的散射不敏感。这种拓扑绝缘体提供了可能产生新相和粒子的新途径，在自旋电子学、低功耗器件和量子计算领域将具有广泛的应用前景[95,96]。

2011年，Weeks等人[97]通过紧束缚方法和第一性原理分析发现，两种重元素铟和铊能够稳定石墨烯中的量子自旋霍尔态，产生比原始石墨烯高几个数量级的非平庸的带隙，当重金属原子铟和铊覆盖率为6%时，带隙值分别高达7meV和21meV，如图1-15所示。在同一年，Liu等人[98]利用绝热连续性和直接的Z_2拓扑不变量计算发现，在硅中存在拓扑非平庸的电子结构，并预测在实验上的低温条件下可观察到量子自旋霍尔效应。2012年，Hu等人[99]通过将石墨烯与带有部分填充d壳层的重原子（尤其是锇和铱）杂化，获得了巨大带隙的二维拓扑绝缘体。2014年，Acosta等人[100]通过在石墨烯上吸附不同浓度的钌（Ru）原子实现了拓扑绝缘体相的转变。同年，Si等人[101]提出了拓扑绝缘体，通过在锗烯中用H、F、Cl、Br和I原子对它进行功能化，其中拓扑绝缘体GeI的体带隙达到了0.3eV，如图1-16所示。2015年，Kou等人[102]通过第一性原理计算预测一种由Sb_2Te_3（或$MoTe_2$）夹石墨烯的三明治量子阱结构，表现出了一种强的拓扑绝缘体态。同年，Li 等人[103]提出了一种新型的二维拓扑绝缘体材料：单层低翘曲的碲化汞（HgTe）和硒化汞（HgSe）。它的带隙可以通过应变来调控，如图 1-17 所示。而 Ma 等人[104]在甲基功能化的铋、锑和双层结构（Me-Bi、Me-Sb 和 Me-Pb）中预测了几种二维拓扑绝缘体材料；Me-Bi、Me-Sb 和 Me-Pb 体带隙分别达到了 0.934eV、0.386eV 和 0.964eV，它们大的非平庸的体带隙来源于强的自旋极化作用。2016 年，Yang 等人[105]利用第一性原理计算，提出了在石墨烯上共同掺杂 n-p 型来实现高温量子自旋霍尔绝缘体。同年，Ma 等人[106]在硫族化合物 M_2Te（M=Cu,Ag）中提出了一组二维拓扑绝缘体材料。

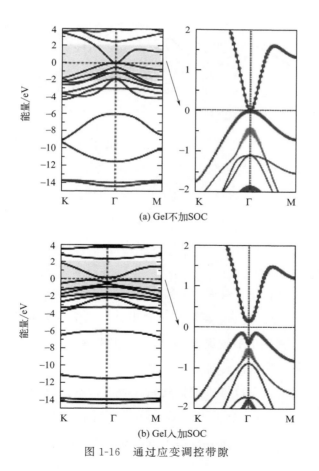

(a) GeI 不加 SOC

(b) GeI λ 加 SOC

图 1-16　通过应变调控带隙

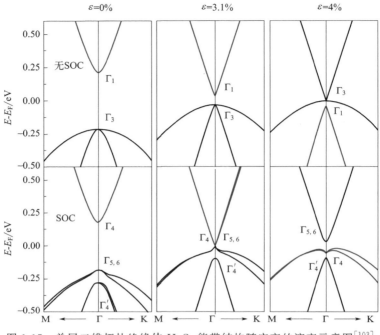

图 1-17 单层二维拓扑绝缘体 HgSe 能带结构随应变的演变示意图[103]

2017 年，Tang 等人[107] 在理论上提出了单层的拓扑绝缘体 1T′-WTe$_2$，他们通过实验成功制备出 1T′-WTe$_2$ 结构，如图 1-18 所示。2018 年，Li 等人[108] 基于高通量（HTP）密度泛函理论计算和拓扑表征，从二维材料数据库中 641 个最稳定的结构中确定了四种拓扑非平庸的二维材料：TiNI（mw-29）、TaTe4Ir（mw-552）、ZrBr（mw-178）和 ZrTiSe4（mw-611）。2019 年，Olsen 等人[109] 从计算二维材料数据库中，采用密度泛函理论的方法对二维拓扑材料进行了筛选，筛选出了 48 种二维拓扑绝缘体材料。也是在 2019 年，Wang 等人[110] 利用自身开发的基于对称指标的高效拓扑材料算法，在 4 个最近提出的 2D 材料数据库[111-114] 中发现了 205 种二维拓扑（晶体）绝缘体材料。

一个稳定的应变可以带来或打破拓扑表面状态，如 HgTe 和 Bi$_2$Se$_3$ 拓扑绝缘体[115,116]。Miao 等人[117] 从理论上证明了在 GaN/InN 量子阱中产生拓扑绝缘体态，是在超薄 InN 层中由压电极化产生的大应变所致。Hu 等人[118] 从理论上设计了一种使用 CdTe/HgTe/CdTe 量子阱结构的拓扑绝缘

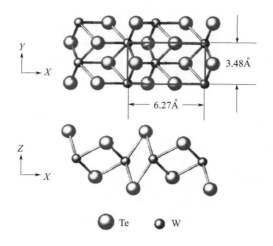

(a) 单层拓扑绝缘体1T′-WTe₂理论结构

(b) 原子分辨扫描隧道显微镜下的1T′-WTe₂结构图

图 1-18 1T′-WTe₂ 的理论模型与实际结构示意图

体压电晶体管,如图 1-19 所示。HgTe/CdTe 量子阱广泛用于拓扑绝缘体,其中,沿 [111] 方向生长的闪锌矿结构 CdTe 具有良好的压电性能。而且,HgTe/CdTe 量子阱也可以生长在其他闪锌矿结构的压电半导体上,如 GaAs、GaP、InSb 和 InAs 上。在不同的压电半导体中,压电势与剪切应变呈线性关系。当压电系数相反时,压电势随应变的增大而减小,GaP、InSb 和 InAs 应变诱导压电电场与拓扑绝缘体表面平行。基于压电半导体 CdTe 器件导电的开关比可以达到 10^{10}。在此基础上,可以制备高性能的逻辑电路和高灵敏度的应变传感器。更重要的是，Hu等人在较高的费米能量的情况下发现了电导。该研究为利用压电效应调节拓扑量子态提供了一种良好的方法，在高性能开关、逻辑电路和应变传感器中存在潜在的应用价值。

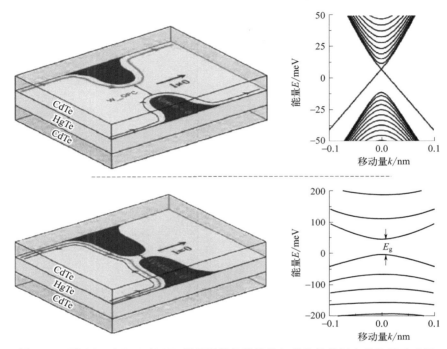

图1-19 用CdTe/HgTe/CdTe量子阱结构设计的拓扑绝缘体压电晶体管示意图

1.3.2 二维拓扑相变

二维拓扑相变是Shuichi[119]在2007年提出的理论模拟。在中心反演不对称的系统中，每条能带是非简并的，而且带隙的关闭一般发生在普通的k点，即$k \neq -k + G$，式中，G是倒格矢。在这种情况下，有效哈密顿的余维数是3，分别是波矢量k_x、k_y和m，参数m是调控相变的一个临界点的值，如图1-20(a)所示。在中心反演对称的系统中，有效哈密顿的余维数是5，而每条能带都是双重简并的，且带隙的关闭发生在两个双重简并能带的交叉点k上，如图1-20(b)所示。

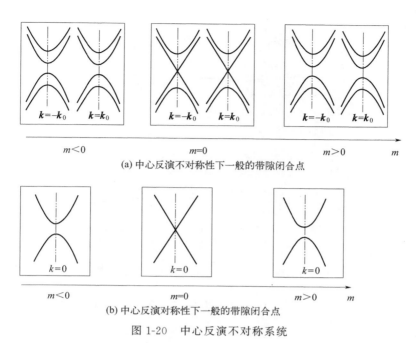

图 1-20 中心反演不对称系统

(b) 中 k 表示布里渊区的某一路径，$k=0$ 定义某一点为 0

2014 年，Qian 等人[120]对 1T′相的过渡金属二硫化物进行理论拓扑相变研究，他们通过自旋轨道耦合的作用打开了带隙，这个带隙可以加垂直电场和应变来进行调控。并且提出一种由 1T′-MX_2（M＝W，Mo；X＝Te，Se，S）和二维介电层的范德华异质结构构成的拓扑场效应晶体管，可以利用电场调控它的拓扑相变来实现电流的快速开关状态，而无需通过载流子损耗的方式。2015 年，Li 等人[103]对单层翘曲的 HgTe 通过单轴应变来进行调控，面内单轴应变大于 2.4% 时，实现了拓扑平庸态到拓扑非平庸态的转变，如图 1-21 所示；而在单层翘曲的 HgSe 结构中，当应变大于 3.1% 的时候，才发生拓扑相变。Ma 等人[104]在甲基功能化的铋、锑和双层结构（Me-Bi、Me-Sb 和 Me-Pb）中施加±8% 的应变，在 Me-Bi、Me-Sb 和 Me-Pb 这 3 个体系中仍然保存着非平庸的拓扑性质，如图 1-22 所示。实验表明，这 3 个体系的拓扑性质具有很强的抗应变能力，这种鲁棒性的拓扑性质使其在实验中更容易表征和实现。2016 年，Ma 等人[106]在硫族化合物 M_2Te（M＝Cu，Ag）中通过应变来调控它们的带隙，在二维 Cu_2Te 晶体中实现了拓扑相的转变，如图 1-23 所示。而二维 Ag_2Te 晶体在大应变的范围内一直保持着拓扑非平庸的能带性质。

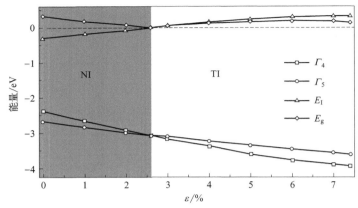

图 1-21 单层二维拓扑绝缘体 HgTe 通过单轴应变来调控它的拓扑相变的示意图[103]

2018 年，Hu 等人[118]从理论上设计了一种使用 CdTe/HgTe/CdTe 量子阱结构的拓扑绝缘体压电晶体管。当压电效应不存在时，量子接触点变宽，晶体管表现出拓扑非平庸的绝缘体性质，出现了表面态，电流可以通过量子接触点；当压电效应存在时，晶体管表现出拓扑平庸的普通绝缘体性

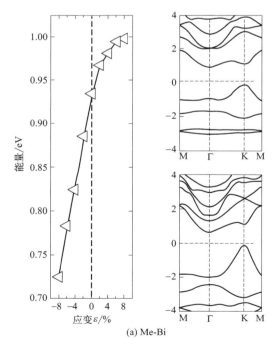

(a) Me-Bi

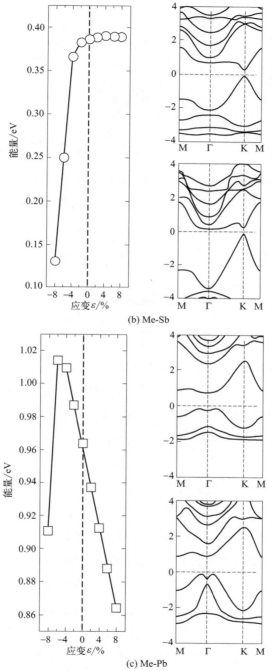

图 1-22 二维拓扑绝缘体 Me-Bi，Me-Sb 和 Me-Pb 施加应变后的带隙的变化和±8%的能带图示意图[104]

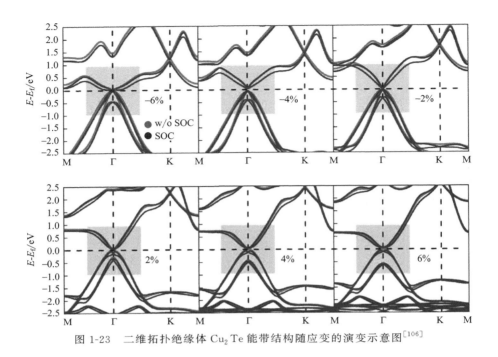

图 1-23　二维拓扑绝缘体 Cu_2Te 能带结构随应变的演变示意图[106]

质，表面态消失并打开一个很小的带隙，导电通道关闭，如图 1-19 所示。因此，具有 CdTe/HgTe/CdTe 量子阱结构的拓扑绝缘体压电晶体管可以通过压电效应来调控它的拓扑相变，进而实现电流的开关状态。

拓扑绝缘体有许多独特的优点，包括：

① 它基于常用的半导体可以被集成到各种设备上；

② 它是由大的内在极化场来驱动的；

③ 拓扑绝缘体态可以通过外场或注入电荷载体来操作，可以通过标准的半导体技术进行调整，包括掺杂、合金化和不同的量子阱厚度；

④ 在只有光组成的系统中，极化场能诱导出大的 Rashba 自旋相互作用，为在这类系统中操纵自旋自由度提供了一种新的方法。

由于载流子可以屏蔽极化场，极化势可以通过调整量子阱中的载流子浓度来控制，因此，可以通过掺杂或施加偏置电压来控制拓扑绝缘体的相变。

Miao 等人[117]已经证明了超薄 GaN/InN/GaN 量子阱可以通过能带反转，转变为拓扑绝缘体。这种量子相变是由纤锌矿对称性和晶格失配引起的强极化场和自旋轨道相互引起的场共同驱动的。第一次展示了在具有弱本征自旋相互作用的常用半导体中，由本征极化引起并形成的拓扑绝缘体相。由于极化场存在于许多材料中，类似的机制也适用于其他系统。他们的方法为实现可控拓扑绝缘体与传统半导体器件的集成奠定了基础。

1.4 有机无机杂化钙钛矿材料

1.4.1 无机钙钛矿结构

铁电是一种可以被电场改变的自发极化。传统的无机钙钛矿结构为 ABX_3 形式，其中，A 位和 B 位是阳离子，X 位是阴离子。BX_6 形成一个八面体，位于立方体盒子的中心。从高温到低温通常有三个相应的相结构，分别是立方相、四方相和正方相。为了更好地了解钙钛矿铁电性的起源，ABX_3 钙钛矿结构是由经验性的 Goldschmidt 容忍因子 $t=(r_A+r_X)/\sqrt{2}(r_B+r_X)$ 来评估的[121]，其中 r_A、r_B 和 r_X 分别为 A、B 和 X 原子/分子的半径。当容忍因子 $t=1$ 时，钙钛矿是一个理想的立方相结构。当 A 位原子的半径较小时，体系的八面体更倾向于旋转。容忍因子 $t<1$，在 M 点和 R 点存在反铁电扭曲不稳定性。因此，它一般不涉及电荷转移和铁电畸变。而 $t>1$ 时，B 位原子的半径较小，系统倾向于通过 B 位阳离子偏离中心而诱发极化畸变。铁电钙钛矿在其立方相中存在一个不稳定的声子横向光学模式，与它们典型的能量双势阱相一致。由于其混合离子-共价键的特性，这些材料在原子移位时表现出不寻常的电荷转移，从而导致异常的有效电荷。反过来，由于这些异常电荷形成了库仑相互作用，能够补偿短程力并产生结构性铁电不稳定性。

A 和 B 位置都为金属元素，而 X 位置为非金属元素，BX_6 组成的八面体通过旋转或倾斜相变从立方相到四方形和正交相，例如，经典钙钛矿结构 $BaTiO_3$ 和 $PbTiO_3$ 等[122-125]。具有此类结构的钙钛矿被广泛应用于各个领域，尤其是在光伏发电方面。

1.4.2　有机无机杂化钙钛矿结构

有机无机杂化钙钛矿是在无机钙钛矿的基础上加入了有机分子作为阳离子或阴离子。最常见的是把 A 位点的无机金属阳离子替换成有机分子阳离子，如甲胺离子（$CH_3NH_3^+$）[126,127]、氨根离子（NH_4^+）[128,129] 等。

有机无机杂化钙钛矿是一个火热和持续的研究课题，它是在传统钙钛矿的 A 或 B 位点通过有机阳离子替换无机阳离子而获得的。与传统的无机钙钛矿相比，有机无机杂化钙钛矿可以有多种多样的成分，如卤化物、叠氮化物、甲酸盐、二氰胺、氰化物和金属氰化物等[130-135]。为了研究有机无机杂化钙钛矿铁电性的起源，A 位无机阳离子可以被无极性有机分子取代，例如，NH_4^+ 阳离子（$t<1$）和 $N(CH_3)_4^+$ 阳离子（$t>1$）。Wei 等人[136]预测无铅杂化钙钛矿 $N(CH_3)_4SnI_3$ 与非极性分子阳离子 $N(CH_3)_4^+$（容忍系数 t 大于 1）具有强铁电性与自发极化。该研究表明，$N(CH_3)_4^+$ 分子阳离子的大尺寸通过 Sn 原子偏离中心的位移，即 SnI_6 八面体的畸变，诱发了大的极化。然而，由于有机-无机杂化钙钛矿中铁电性的起源仍不清楚，并存在争议。这些新出现的问题促使我们去探索隐藏在有机无机杂化钙钛矿中的极化机制。

A 位点占据极性的有机分子阳离子，如果此极性分子阳离子沿某一特定方向，则能诱导出自发极化。但是，最近的分子动力学研究表明，A 位点的极化分子阳离子是旋转的，并且在室温下方向是随机的，因此铁电性应该很弱或出现在某个区域但很快消失。一般钙钛矿强的铁电只能存在于 A 位点的分子阳离子，但是 A 位点分子阳离子的方向不利于调控。

除了 A 位点分子阳离子诱导极化外，也可以通过传统的 B 位点结构扭曲来诱导极化。这个机理依赖 A 位点极性和方向，因此铁电性可能通过 A 位点非极性分子诱导。但第一性原理计算表明，在 $CH_3NH_3PbI_3$ 中通过 B 位点离子的位移诱导极化很小[137-139]，而在 A 位点的非极性分子又没有报道具有强的铁电性。目前 $CH_3NH_3PbI_3$ 极化的机理还不是很清楚，在学术界存在一定的争议。

相比于传统的无机铁电材料，有机铁电材料拥有高柔韧性、抗崩损性和溶液可加工性的优点。在目前已开发的有机铁电材料中，无金属钙钛矿铁电材料已达到与传统无机铁电材料相当的铁电极化率，但它们存在一个严重缺陷：其矫顽力普遍仅为约 10kV/cm。这导致在器件设计中，此类有机铁电材料的厚度要达到约 1μm 才能保证电压转变区间为 1~2V，阻碍了器件的微型化。一般而言，理想的矫顽力约在 100kV/cm 量级，但目前仍缺乏有效手段来实现该目标。2022 年，北大潘锋[140]研究组提出了一种基于氢键作用的矫顽力调控方法，设计并合成了两种无金属钙钛矿铁电材料，分别称为 MNP3 和 MNI3。其中，有机分子 MDABCO 的转动可以实现有序—无序排列的转变，从而带来材料的铁电—顺电相变。实验结果表明，MNP3 中的 N-H⋯F 氢键距离远低于 MNI3 中的 N-H⋯I 氢键，该氢键导致 MDABCO 的偏移量高于 MNI3。这种氢键作用使材料的矫顽力从 MNI3 的 12kV/cm 提升至 MNP3 的 110kV/cm，实现了有机铁电材料矫顽力调控的目标。

无金属钙钛矿铁电材料的矫顽力可以从约 10kV/cm 量级提升至约 100kV/cm，为有机铁电器件微型化和集成化设计提供了一条重要途径。

全有机钙钛矿在电热强度、居里常数和相变临界场等参数方面都优于许多无机铁电体，但它的一个主要缺陷是矫顽场较小。通过基于分子之间的氢键作用来调控无金属钙钛矿中的矫顽场大小，最终可实现铁电极化的调控。

2021 年，向红军[136]研究组预测了一种 $N(CH_3)_4SnI_3$ 无铅钙钛矿太阳能电池材料，该材料铁电性强、稳定性好、可见光吸收高。他们把 A 位点的有极性甲胺（CH_3NH_3）阳离子替换成无极性的 $N(CH_3)_4$ 阳离子，把 B 位点的有毒铅原子替换成无毒的锡原子。此种无铅和无极性阳离子具有铁电性的 $N(CH_3)_4SnI_3$ 钙钛矿太阳能电池材料，自发极化可达 $16.13\mu C/cm^{-2}$。这个极化由 $N(CH_3)_4$ 阳离子引起并导致了 SnI_6 八面体的畸变，并且这个极化不依赖分子的方向，因此铁电性比较稳定。研究表明，$N(CH_3)_4SnI_3$ 对极性分子阳离子的取向顺序很敏感。$N(CH_3)_4SnI_3$ 大本征极化的产生主要是由于 $N(CH_3)_4$ 阳离子体积较大，导致 Sn 偏离中心位置，同时具有大的结构容忍因子（大于1），使得其在室温下具有持久性和耐用性。

第 2 章
理论计算方法

为了正确理解多原子体系或晶体的电子组态,根据量子力学,必须求解多电子体系的薛定谔方程,然而由于多粒子之间相互作用势很复杂,要进行精确求解非常困难。对此,人们提出了多种近似求解的方法,其中简单又实用的多电子体系电子态处理方法是所谓的单电子近似方法[141]。利用第一性原理将多电子体系基态转化到单电子体系进行相应计算的方法,目前主要分为两类:一类是 Hohenber-Fock(HF)近似方法[142];另一类是密度泛函理论方法(density functional theory,DFT)。下面我们主要介绍密度泛函理论方法,本书所有的计算均基于密度泛函理论方法进行。

2.1 密度泛函理论

2.1.1 Hohenberg-Kohn 定理

19 世纪 60 年代中期,Hohenberg 和 Kohn 提出了密度泛函理论,它的核心在于将电子密度分布 $\rho(r)$ 作为试探函数,而不再将电子波函数分布作为试探函数,并将总能 E 表示为电子密度的泛函 $E[\rho]$。这样的处理首先要从理论上证明存在一个对于电子密度分布的总能泛函。因此,基于他们自己的非均匀电子气理论,Hohenberg 和 Kohn 提出了两个奠定密度泛函理论基础的基本定理[143]。这两个定理的核心内容可概括为:一是不计自旋的全同费米子系统的基态能量是粒子数密度函数 $\rho(r)$ 的唯一泛函;二是能量泛函

$E[\rho]$ 在粒子数不变的情况下,对正确的粒子数密度函数 $\rho(r)$ 取极小值等于其基态能量。这保证了粒子数密度 $\rho(r)$ 作为体系基本物理量的合法性,同时也是密度泛函理论名称的由来。

2.1.2 Kohn-Sham 方程

在密度泛函理论中,利用 Kohn-Sham 方程可将多电子系统的基态特性问题转化成等效的单电子问题,这种计算方法与哈特里-福克(Hartree-Fock)自洽场近似法相似,但其结果更精确。然而,交换关联能泛函 $E_{xc}[\rho(r)]$ 是未知的,只有得到准确的、便于表达的 $E_{xc}[\rho(r)]$,才能求解 Kohn-Sham 方程。在计算过程中,经常采用 Kohn 和 Sham 提出的交换关联泛函局域密度近似,其基本的思想是[144]:在局域密度近似中,利用均匀电子气密度函数 $\rho(r)$ 来获得非均匀电子气的交换关联泛函。对于变化平坦的密度函数,可以用一均匀电子气的交换关联能密度 $\varepsilon_{xc}[\rho(r)]$ 代替非均匀电子气的交换关联能密度。

2.2 交换关联泛函

广义梯度近似相对于局域密度近似有以下几方面的优势:其一是对于轻原子或由轻原子组成的分子、团簇、固体等多电子体系,广义梯度近似能显著提高计算基态性质的精度;其二是广义梯度近似能够给出许多金属的正确基态,而局域密度近似则不能;其三是对于许多含有重金属的晶体而言,采用局域密度近似计算得到的晶格常数比实验值要小很多,而采用广义梯度近似计算得到的晶格常数要大一些,更接近实验值。

2.3 各种计算软件介绍

VASP 软件包[145-148]是基于有限温度下的局域密度近似进行第一性原

理及分子动力学从头计算的软件包。我们通常还会用 VASP 来研究材料的力学性质（如弹性系数、压电系数和光学吸收系数等）、电子性质（能带和态密度等）、晶格动力学等性质。

Phonopy 是基于第一性原理的声子计算软件。它提供了 VASP 的 Wien2k 接口来计算原子受力。它的主要功能有：计算声子色散谱；计算声子态密度，包括分立态密度；分析晶体热力学性质，包括自由能、热容量、熵；分析拓扑性质，包括不可约表示等。

Wannier90 是用于生产最大局域 Wannier 函数的软件，以高效率和高精度计算材料电子性质。并且 Wannier90 与 VASP 和 QUANTUM ESPRESSO 都有相应的接口，通过 VASP 和 QUANTUM ESPRESSO 计算得出的结果可以直接用 Wannier90 进行后续的计算处理，从而不用担心计算软件之间不兼容的问题。

Wannier90 软件包的主要作用是获取材料的最大局域 Wannier 函数，通过调整布洛赫函数的相位使设置的局域标度函数取得最小值。因此，Wannier90 软件的计算与其他第一性原理计算软件（如 VASP、QUANTUM ESPRESSO 等）所采取的基组无关，这样会大大降低计算量。在获取了所需要计算的材料的最大局域 Wannier 函数后，通过计算获取 Wannier 函数的哈密顿量，在极小的计算量下可以得到材料的能带结构、局域态密度和费米面等性质。并且还可以通过对该哈密顿量进行任意空间 k 点的电子态内插，从而极大地简化了对 k 网格有高要求的性质的计算。本书后续章节中的许多地方都用到了 Wannier90 软件，通过使用该软件大大提高了工作效率。

拓扑表面态（边界态）的存在与否是材料是否具有拓扑性质的一个直观表现，因此，对于材料拓扑表面态的计算与研究十分必要。而计算拓扑表面态的方法主要包括两种。一种是直接通过第一性原理计算来获取表面态特征，通过将需要计算的材料进行降低维度处理后来进行计算。这种方法的优点在于可以充分地考虑到表面势对于边界态的影响，但是相应的计算量巨大，需要消耗很多计算资源。另一种方法是通过最大局域 Wannier 函数的紧束缚哈密顿量来进行计算。相较于前一种方法，该方法可以直接从原胞的第一性原理得到体现的表面态，而不用像前一种方法一样建立超胞，因此这种方法的计算量将大大降低，节省计算资源。该方法通过最大局域 Wannier 函数的紧束缚哈密顿量来进行计算获得表面态。

WannierTools 软件是用于拓扑材料研究而开发出来的一套工具集，主要用于计算拓扑不变量，从而判断一种材料是否为新的拓扑材料，同时还能够给出拓扑材料的一些特征性质。它是基于紧束缚模型的程序包。这个紧束缚模型可以由我们自己构造，也可以由软件构造产生。

目前我们使用的格式由 Wannier90 程序包定义。在使用 VASP 和 Wannier90 构建出 Wannier 函数后，接下来通过 WannierTools 计算出相应的拓扑性质，如 Z_2 数、Wilson 环（Wannier 电荷中心）、表面态（三维拓扑材料）和边界态（二维拓扑材料）等。

2.4 Berry phase 方法

Berry phase 理论是在零电场的情况下，任意两个晶体态之间的极化对应着一个几何相位。这种理论已经被成功地用来计算晶格振动、铁电和压电效应引起的宏观极化的变化，并可用来研究自发极化的现象。最近，该理论被扩展到用来计算静态介电张量和电子介电常数。计算结果表明，DFT 级别的介电常数计算可以达到 5%～10% 的实验精度。基于几何位相和极化理论的方法不如传统的微扰理论方法具有普遍性，但是它实现起来更简单，计算量也比较小。本书中用到的 Berry phase 方法是基于 D. Vanderbilt 和 R. D. King-Smith 在 VASP 代码中发展起来的理论[149,150]，即现代极化理论。

下面给出计算弹性系数的公式：

$$\Delta U(\varepsilon_{11},\varepsilon_{22}) = \frac{1}{2A_0}C_{11}\varepsilon_{11}^2 + \frac{1}{2A_0}C_{22}\varepsilon_{22}^2 + \frac{1}{A_0}C_{12}\varepsilon_{11}\varepsilon_{22} \qquad (2-1)$$

式中，$\Delta U(\varepsilon_{11},\varepsilon_{22}) = [U(\varepsilon_{11},\varepsilon_{22}) - U(\varepsilon_{11}=0,\varepsilon_{22}=0)]$ 是单位面积单胞的能量变化量；A_0 是单胞的面积。e_{ijk} 和 d_{ijk} 作为三阶张量，用于计算相对于相关的极化矢量 $\boldsymbol{P}_i$ 分别与应变 ε_{jk} 和应力 o_{jk} 的比值，即 $e_{ijk} = \partial \boldsymbol{P}_i | \partial \varepsilon_{jk}$ 和 $\boldsymbol{d}_{ijk} = \partial \boldsymbol{P}_i | \partial \sigma_{jk}$。式中，$i=1,2,3$，代表极化矢量 $\boldsymbol{P}_i$ 是沿 x、y 和

z 方向的。在沃伊特符号表示中，应变 ε_{jk} 和应力 σ_{jk} 中的脚标 j 和 k 可以用 $1=xx$，$2=yy$，$3=zz$，$4=yz$，$5=zx$ 和 $6=xy$ 来表示。而对于二维体系，计算应力和应变只需要考虑 $1(xx)$，$2(yy)$ 和 $6(xy)$。这里不考虑剪切应变 ε_{12} 和 ε_{21}，对于 C_{2v} 对称性点群的独立压电系数是 $\{e_{111},e_{122},e_{211},e_{222}\}$ 和 $\{d_{111},d_{122},d_{211},d_{222}\}$，下标 1 和 2 分别表示 x 和 y 方向。用沃伊特符号表示，压电系数可以被简化为 $\{e_{11},e_{12},e_{21},e_{22}\}$ 和 $\{d_{11},d_{12},d_{21},d_{22}\}$。基于应力应变的定义，在 $\{e_{11},e_{12},e_{21},e_{22}\}$ 和 $\{d_{11},d_{12},d_{21},d_{22}\}$ 之间可以用下面的公式给出：

$$d_{11}=\frac{e_{11}C_{22}-e_{12}C_{12}}{C_{11}C_{22}-C_{12}^2} \tag{2-2}$$

$$d_{12}=\frac{e_{12}C_{11}-e_{11}C_{12}}{C_{11}C_{22}-C_{12}^2} \tag{2-3}$$

$$d_{21}=\frac{e_{21}C_{22}-e_{22}C_{21}}{C_{11}C_{22}-C_{21}^2} \tag{2-4}$$

$$d_{22}=\frac{e_{22}C_{11}-e_{21}C_{21}}{C_{11}C_{22}-C_{21}^2} \tag{2-5}$$

而对于 3m 对称性的点群，它的压电系数可以被简化为 $\{e_{11},e_{31}\}$ 和 $\{d_{11},d_{31}\}$。基于应力应变的定义，在 $\{e_{11},e_{31}\}$ 和 $\{d_{11},d_{31}\}$ 之间可以用下面的公式给出：

$$d_{11}=\frac{e_{11}}{C_{11}-C_{12}} \tag{2-6}$$

$$d_{31}=\frac{e_{31}}{C_{11}+C_{12}} \tag{2-7}$$

上面的压电系数可以根据晶体结构对称性的不同，只计算体系非零的压电系数。

本书后面研究用到的 Berry phase 方法，是先对晶格常数加小应变，对其晶格内的原子进行完全弛豫，弛豫后在 VASP 计算输入文件中加入参数 LCALCPOL 来计算它的极化矢量。其中，极化矢量包括两部分：一部分是电子极化的贡献，另一部分是离子极化的贡献。而 Berry phase 方法的计算结果相比于密度泛函微扰的方法更接近实验结果。

2.5 density functional perturbation theory 方法

早期的晶格振动着眼于动力学的一般性质，但对于决定这些性质的电子性质与动力学矩阵的联系很少涉及。事实上，电子结构与动力学矩阵的联系不仅在理论上重要，而且只有搞清楚了这种联系才能计算任意特定体系的点阵动力学。直到 20 世纪 70 年代，将线性响应应用于密度泛函微扰理论，才使从头计算点阵动力学成为可能。经过理论和算法的不断发展，现在我们可以在布里渊区的一个精细波矢网格上准确地计算声子色散。计算结果可以直接和中子衍射实验对比。并且基于计算的声子谱，可以进一步得到体系的许多其他的物理性质。基于密度泛函理论，还有其他的方法可以求解系统的点阵动力学，如冻声子方法和分子动力学谱分析方法。密度泛函微扰理论相对于其他非微扰方法的一个最大的优点是对不同波长的微扰产生的响应相互之间不耦合，这给点阵动力学计算带来了很大的方便。

Hamann 等人[151] 提出了密度泛函微扰理论（density functional perturbation theory，DFPT）的方法，在密度泛函微扰理论的框架内处理均匀应变，可以实现对固体弹性张量和压电张量的直接计算。利用这种方法，我们通过在 VASP 的输入文件中加入参数 IBRION＝6 来实现弹性张量的计算，加入参数 IBRION＝8 和打开参数 LEPSILON 来实现压电张量的计算。这种方法操作比 Berry phase 方法要简单，但是它的计算量比 Berry phase 方法要大。

2.6 tight-binding theory 方法

紧束缚（tight-binding，TB）的方法是利用所有原子的电子波函数的线性叠加作为零级近似波函数。紧束缚方法的中心思想是采用原子轨道的线性组合作为一组基函数来展开，进而求解固体的单电子薛定谔方程。这一方法的出发点是：电子在一个原子附近时，将主要受到该原子场的作用，把其他原子场的作用看成微扰作用。晶体势场可以表达成原子势场的线性叠加。

紧束缚方法是一类很重要的大体系计算方法。相较于目前流行的各种量子化学和能带理论计算软件，紧束缚方法在构建哈密顿矩阵时需要一定量的参数，因此在应用中受到很大的限制，同时精度也不及其他方法。但是紧束缚方法不需要自洽地迭代构建哈密顿矩阵，因此计算速度很快，可以计算较大的体系，同时它也能保证在定性上结论的可靠。紧束缚方法既可以用于压电效应的计算，也可以用于拓扑性质的计算。

2.7 二维拓扑绝缘体中的拓扑 Z_2 数

对于二维拓扑材料而言，Z_2 拓扑数是判定二维拓扑绝缘体材料是否具有拓扑性质的一个重要的指标。计算 Z_2 拓扑数的方法是采用 Fu 和 Kane[152] 提出的模型，通过占据态的波函数来计算其宇称的方法，来获取其拓扑指数。对于中心反演对称性破缺的材料而言，这个拓扑 Z_2 指标表征能从 Wilison loop 和瓦尼尔电荷中心的方法中计算获得。

第3章
二维氧化黑磷烯的压电效应

2014—2015年,研究者发现了多种磷烯的异构体。2014年,黑磷烯通过实验被成功制备出。随后,有研究者对黑磷烯的氧化进行了研究,发现黑磷烯表面全氧化变形后的结构最稳定。我们也发现黑磷烯氧化变形后,它的结构没有中心反演对称性,是半导体材料,满足压电材料的要求。并且截至目前,尚未有研究者报道过黑磷烯氧化后的压电效应。本章研究黑磷烯氧化后的压电效应,通过计算发现黑磷烯氧化后的压电应变系数d_{11}(88.54pm/V)比实验上成功制备出的h-BN(0.6pm/V)和MoS_2(3.73pm/V)的压电应变系数大1~2个数量级。我们通过计算在X方向上的平均平面静电势,验证了黑磷烯氧化后在X方向上具有很大的压电效应。由于氧化黑磷烯的压电应变系数d_{11}(88.54pm/V)的值比较可观,因此可以应用于二维纳米设备,如传感器、制动器、转换器、继电器和场效应晶体管等器件。

3.1 引言

在发现二维(2D)压电材料六角氮化硼(h-BN)和二硫化钼(MoS_2)之后[153,154],纳米尺度下的压电效应在最近几年变成了热门的研究领域[24,155-160]。许多二维材料被预测为压电材料,其压电系数可与传统的三维(3D)压电材料[24,155-160]相媲美。例如,金属二硫化物(MX_2,M=Cr,Mo,W,Nb,Ta;X=S,Se,Te)[19,25,161-163],第Ⅱ主族氧化物(MO,M=Be,

Mg,Ca,Zn,Cd)[164-168]，第Ⅲ与第Ⅳ主族的六角化合物（MX，M＝B，Al，Ga，In，X＝N，P，As，Sb)[26,169-175]，第Ⅳ主族的硫化物（GeS，GeSe，SnS 和 SnSe)[19,24,156,176-179] 和经过化学修饰[21,180] 的石墨烯。特别是第Ⅳ主族的硫化物被预测为具有显著的压电效应的二维材料，比实验上制备出的 h-BN 和 MoS_2 的压电系数大 1~2 个数量级。这些发现大大地拓宽了二维材料的应用领域。

2014 年，单层的黑磷在实验上通过机械剥离的方法被成功制备出，它被命名为黑磷烯。单层黑磷烯具有良好的载流子迁移率和本征的直接带隙特性，是一种很有前景的二维纳米电子材料。但是，由于黑磷烯具有中心反演对称性和非极性空间群，使得它是一种非压电效应的材料。我们注意到之前的第一性原理计算，结果表明，有 2 个不同表面氧化黑磷烯的候选结构，即保持黑磷烯原有中心反演对称空间群（Pmna）的原位吸附[181] 和一种具有新的非中心反演对称空间群（$Pmn2_1$）的变形吸附[8]。新的表面氧化黑磷烯结构因为非中心反演对称和极性空间群的存在，引起了我们极大的研究兴趣，并且它有希望成为新的二维压电材料。

本章基于密度泛函理论的第一性原理方法，研究了表面氧化黑磷烯的压电效应。我们发现采用表面氧化在黑磷烯中引入压电是一种简单有效的方法。表面氧化后的黑磷烯压电应变系数 d_{11} 和 d_{12} 分别是 88.54pm/V 和 －1.94pm/V，与第Ⅳ主族硫化物的压电系数相当，比实验上制备出较好的 h-BN 和 MoS_2 的压电系数更显著。

3.2　计算模型与方法

所有结构的优化和性能的计算，都是用基于从头计算模拟软件包（VASP）[147,148] 的第一性原理方法，而平面波基矢被用于扩展系统的波函数。原子核中 $P(3s^23p^2)$ 和 $O(2s^22p^2)$ 原子的价电子之间的相互作用力通过投影增广波方法[182] 来描述。用广义梯度近似[183] 计算价电子间的相互作用。在计算参数设置中，截断能设置为 550eV，倒空间的布里渊区积分网格设置为 11×15×1 的 k 点网格。电子迭代和离子弛豫的收敛标准分别是

10^{-6} eV 和 10^{-3} eV/Å[①]。

3.3 结果与讨论

3.3.1 氧化黑磷烯的结构和电子性质

黑磷烯的晶体结构属于中心反演对称和非极性空间群（Pmna，空间群号：53），优化后的晶格常数 $a=4.62$Å，$b=3.31$Å。表面被氧气氧化后，可以得到2种不同的氧化黑磷烯构型，如图3-1所示。表面的原位吸附使体系保持了与黑磷烯相同的空间群 Pmna 结构，我们把它命名为 Pmna-PO。Pmna-PO 在结构优化后，它的晶格常数分别是 $a=5.65$Å，$b=3.72$Å。可以看出，表面氧化后体系的晶格常数明显增大，这是由于表面孤电子对之间的库伦排斥力增大了（氧化前是每个P原子1对，氧化后是每个O原子3对）。吸附后结构发生了变形（命名为 $Pmn2_1$-PO），使体系转变成了一个新的空间群 $Pmn2_1$（空间群号：31）。这样的转变（P-O对的上下起伏）使体系的厚度从 4.47Å 变为 5.44Å，也相应地削弱了O-O之间的排斥力，并且 $Pmn2_1$-PO 的晶格常数相应地减为 $a=5.22$Å，$b=3.67$Å。

在自然界中，氧化总是自发地发生，根据吉布斯自由能[184,185] 正负值的大小，计算结果表明，Pmna-PO 和 $Pmn2_1$-PO 都比氧气和黑磷烯的参考体系更稳定。也就是说，裸露的黑磷烯在氧环境中可以自发地氧化形成 Pmna-PO 结构，并且会进一步由 Pmna-PO 结构变成能量更低的 $Pmn2_1$-PO 结构。对它们的吉布斯自由能进行计算，结果表明，Pmna-PO 和 $Pmn2_1$-PO 的吉布斯自由能分别是 -0.861eV/atom 和 -0.890eV/atom，吉布斯自由能的值越小越容易发生，而且结构也越稳定。这个结果表明，氧气在黑磷烯表明吸附时释放出的能量明显大于 860eV/atom。

我们的计算结果表明，Pmna-PO 没有 $Pmn2_1$-PO 稳定，通过声子谱的

---

① 1Å$=10^{-10}$m。

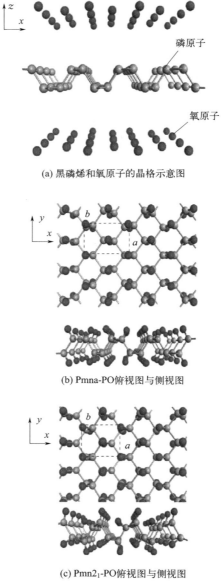

(a) 黑磷烯和氧原子的晶格示意图

(b) Pmna-PO俯视图与侧视图

(c) Pmn2$_1$-PO俯视图与侧视图

图 3-1 2 种不同的氧化黑磷烯构型

计算发现它有虚频,如图 3-2(a) 所示,因此,它的动力学不稳定。这种动力学不稳定表明,Pmna-PO 只是一种中间的过渡态,它会自发地转变成能量更低(即更稳定)的 Pmn2$_1$-PO 结构。如图 3-2(b) 所示,Pmn2$_1$-PO 的声子谱的振动光谱是稳定的,这一结果与其他人的研究结果相一致[181,8]。

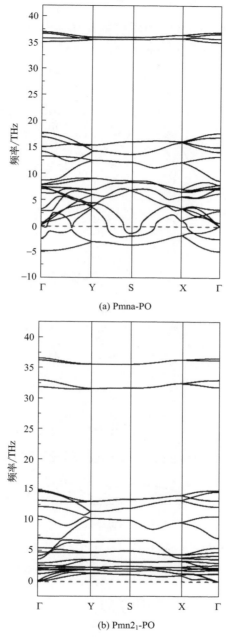

图 3-2 Pmna-PO 和 Pmn2$_1$-PO 声子谱的能带图

计算黑磷烯和 Pmn2$_1$-PO 的电子能带,如图 3-3 所示。计算结果表明,黑磷烯是直接带隙的半导体,用 DFT-PBE 方法计算的带隙值是 0.907eV,

而 Pmn2$_1$-PO 用 DFT-PBE 方法计算的带隙值是 0.582eV,也是直接带隙的半导体,黑磷烯和 Pmn2$_1$-PO 的带隙计算结果与文献中报道的结果相一致[181,8]。由于 Pmn2$_1$-PO 具有非中心对称性和电介质特性,下面进一步研究它的压电性质,以便能更深入地了解其重要性。

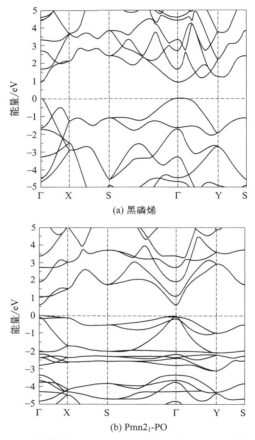

图 3-3　黑磷烯和 Pmn2$_1$-PO 在第一布里渊区的能带图

3.3.2　氧化黑磷烯的压电效应

Pmn2$_1$-PO 属于非中心反演对称的极性空间群 Pmn2$_1$(C$_{2V-7}$),这个空间群是具有压电效应的。而且,Pmn2$_1$-PO 的表面孤电子对比 SnSe 中的更多,褶皱的 C$_{2V}$ 对称性和沿扶手椅型方向的柔性结构进一步增强了它的压电效应。这些特性使我们对这种有前途的新型二维材料的面内弹性系数和应变下的极化效应的响应产生了浓厚的兴趣。为了获得 Pmn2$_1$-PO 的面内弹性系数 C_{11}、C_{22} 和 C_{12},我们使用单胞的能量 U 在一系列的二维应变(ε_{11},ε_{22})状态下的值进行拟合。用这种方法,计算了 81 个应变状态下(ε_{11} 和 ε_{22} 的 9×9 的网格变化范围是从 $-0.02\sim 0.02$)的能量值,对于每一个应变状态,原子的位置经过充分的弛豫,这种"离子优化"方法是与实验上的结果相一致。

我们也计算 SnSe 的面内弹性系数 C_{11}、C_{22} 和 C_{12} 分别是 21.54N/m、17.92N/m 和 42.56N/m。这个计算结果与文献[24]中报道的一致。也就是说,计算参数设置是合理的。图 3-4 所示的是 Pmn2$_1$-PO 的能量表面和能量与外部应变的关系图,这个应变关系由第 2 章式(2-1)给出。通过对图 3-4 中的结果进行二次拟合,得到了 Pmn2$_1$-PO 的面内弹性系数 C_{11}、C_{22} 和 C_{12},它们的值分别是 22.86N/m、48.16N/m 和 5.64N/m。Pmn2$_1$-PO 的面内弹性系数明显小于表 3-1 中所列的纯黑磷烯的面内弹性系数。这一弹性系数的变化是由面内 P-P 键在表面氧化后缩短引起的,也通过电子的转移诱导出了结构的离子特性。

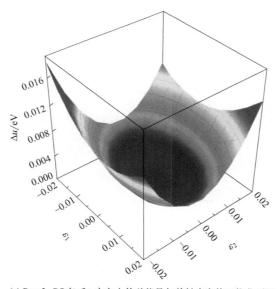

(a) Pmn2$_1$-PO 在 x 和 y 方向上的总能量与单轴应变的三维曲面图

图 3-4

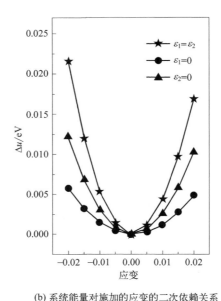

(b) 系统能量对施加的应变的二次依赖关系

图 3-4　Pmn2_1-PO 能量表面和能量与外部应变关系图

表 3-1　Pmn2_1-PO 和文献中的材料计算的弹性系数 C_{ij}，压电系数 e_{ij} 和 d_{ij}

材料	C_{11}/(N/m)	C_{12}/(N/m)	C_{22}/(N/m)	e_{11}/(10^{-10}C/m)	e_{12}/(10^{-10}C/m)	d_{11}/(pm/V)	d_{12}/(pm/V)
Phosphorene	24.15	16.99	103.03	—	—	—	—
Pmn2_1-PO	22.86	5.64	48.16	20.13	4.06	88.54	−1.94
SnSe	21.54	17.92	42.56	44.00	11.29	280.49	−91.57
h-BN	289.05	64.40	289.31	0.96	—	0.35	—
MoS$_2$	132.17	33.03	132.17	3.79	—	3.06	—
h-BN[19]	291	62	291	1.38	1.38	0.6	0.6
MoS$_2$[19,24]	130	32	130	3.64	3.64	3.73	3.73
GeS[24]	20.87	22.22	53.40	4.6	−10.1	75.43	−50.42
SnSe[24]	19.88	18.57	44.49	34.9	10.8	250.58	−80.31

在氢化单层 h-BN 的过程中也有类似的变化[19,23]。

下面用现代极化理论的 Berry phase 方法计算 Pmn2_1-PO 的线性压电系数。由于沿着锯齿形（y）方向有镜面对称，Pmn2_1-PO 的非零独立压电系数是 $\{e_{111}, e_{122}, e_{212}=e_{221}\}$ 和 $\{d_{111}, d_{122}, d_{212}=d_{221}\}$，指标 1 和 2 分别表示 x 和 y 方向。在目前的计算中，我们只考虑非零极化矢量 $\boldsymbol{P}_1$ 对

单轴应变 ε_{11} 和 ε_{22} 沿 x 和 y 方向的响应。压电应力系数 e_{212} 和 e_{221} 是 $\boldsymbol{P}_1$ 与剪切应变 ε_{12} 的比值,这里不考虑剪切应变 ε_{12}。用沃伊特符号表示,压电系数可以被简化为 $\{e_{11}, e_{12}\}$ 和 $\{d_{11}, d_{12}\}$。基于第 2 章对应力应变的讨论,在 $\{e_{11}, e_{12}\}$ 和 $\{d_{11}, d_{12}\}$ 之间可以用式(2-2)和式(2-3)给出。

然后计算 Pmn2$_1$-PO 单位面积的极化矢量 $\boldsymbol{P}_1$ 对一系列的单轴应变 ε_{11} 和 ε_{22} 的变化,从而得到 e_{11} 和 e_{12} 的压电应力系数,图 3-5(a)和(b)出示了计算结果。通过对它的斜率进行线性拟合,得到 e_{11} 和 e_{12} 的压电应力系数分别是 $20.13\times10^{-10}\mathrm{C/m}$ 和 $4.06\times10^{-10}\mathrm{C/m}$。由第 2 章式(2-2)和式(2-3)得到相应的 d_{11} 和 d_{12} 系数,它们的值分别是 88.54pm/V 和 $-1.94\mathrm{pm/V}$。

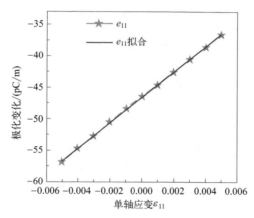

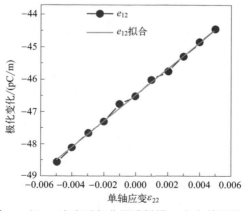

图 3-5 施加单轴 ε_{11} 和 ε_{22} 应变后氧化黑磷烯沿 x 方向单胞单位面积的极化变化

这些压电系数比 h-BN 和 MoS_2 的压电系数更显著，可以与第Ⅳ主族硫族化合物相媲美。计算 SnSe 的 e_{11} 和 e_{12} 的压电应力系数分别是 44.00×10^{-10} C/m 和 11.29×10^{-10} C/m，SnSe 相应的 d_{11} 和 d_{12} 压电应变系数分别是 280.49pm/V 和 -91.57pm/V。从表 3-1 中可看出，这些结果与先前文献的结果高度吻合，表明我们目前的方法和计算参数设置是合理的。

在图 3-6 中，绘制了黑磷烯、Pmna-PO 和 $Pmn2_1$-PO 的平均平面静电势，以展示这些体系中极化场的强度。从图 3-6 中可以看出，在 $Pmn2_1$-PO 中通过 2 条锯齿形链引起的极化场有相同的极化方向，这意味着系统内部具有很强的极化场。但是，在黑磷烯和 Pmna-PO 中通过 2 条锯齿形链引起的极化场有相反的极化方向，而且大小相同，因此在黑磷烯和 Pmna-PO 的极化场结果为零。

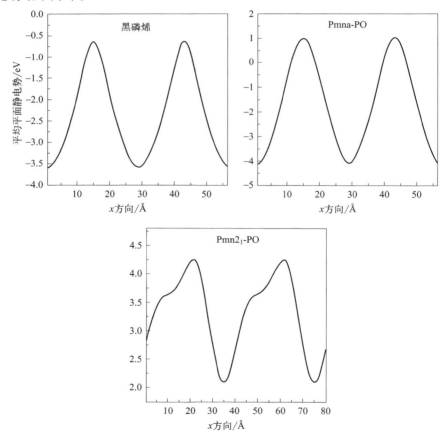

图 3-6　黑磷烯、Pmna-PO 和 $Pmn2_1$-PO 沿 x 方向的平均平面静电势

这个强的极化场正是导致 Pmn2_1-PO 结构中出现较大压电效应的原因，由于黑磷烯氧化后它的上下两个表面都有 3 个孤电子对，这个孤电子对是它形成较大压电效应的来源；由于上表面（或下表面）邻近的 2 个氧原子在结构发生变形后形成了一个上下位错，这两个氧原子之间的排斥力也会进一步增强它的压电效应。因此，在整体上会表现出一个更大的压电效应。这些结果也能帮助我们更清楚地理解 Pmn2_1-PO 中的压电现象。

3.3.3　氧化黑磷烯的光学性质

分析光学性质，计算 Phosphorene 和 Pmn2_1-PO 的光吸收系数。可见光的波长范围是 760~400nm，对应于光子能量的范围是 1.63eV~3.11eV，如图 3-7 中的竖直虚线所示。由于与 Jing 等人[186]研究的晶格常数在 x 和 y 方向正好相反，我们计算的 Phosphorene 的介电曲线与该文献中的介电曲线非常吻合，说明我们的计算方法和参数设置都是合理的。计算 Phosphorene 和 Pmn2_1-PO 在 x、y 和 z 三个方向上的光吸收系数如图 3-7 所示。从图 3-7 中可以看出，在可见光的吸收范围之内，Phosphorene 在 x、y 和 z 三个方向上的介电曲线的光吸收系数都随着波长的减小而增大；而 Pmn2_1-PO 的介电曲线的光吸收系数在 x 方向上都呈现出中间高、两边低的情况，

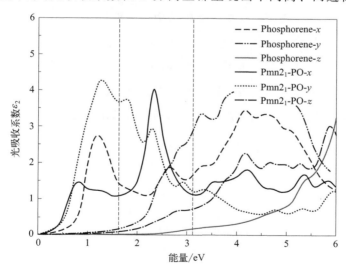

图 3-7　Phosphorene 和 Pmn2_1-PO 在 x、y 和 z 方向上的光吸收图

在 y 方向上介电曲线的光吸收系数随着波长的减小而减小，在 z 方向上介电曲线的光吸收系数虽然不大，但还是随着波长的减小而增大，而且比 Phosphorene 在 z 方向上的介电曲线的光吸收系数要大。在 x、y 和 z 三个方向上，与 Phosphorene 相比，$Pmn2_1$-PO 结构在可见光范围内对光的吸收系数更大，这有利于 $Pmn2_1$-PO 在光学和压电等纳米器件中的进一步应用。

3.4 结论

本章基于第一性原理的计算，研究了表面氧化黑磷烯的压电性质，非中心反演对称的 $Pmn2_1$-PO 结构被预测为一种很好的二维面内压电材料。其中，$Pmn2_1$-PO 的压电应变系数 d_{11} 达到了 88.54pm/V，其压电系数可与报道的最大的第Ⅳ主族硫化物 GeS 的压电系数（75.43pm/V）相匹敌，并且比实验上已制备的 h-BN（0.6pm/V）和 MoS_2（3.73pm/V）的压电系数大 1～2 个数量级。在制成纳米压电器件时，压电效应越大，它的调控范围就越大，纳米压电器件的灵敏度也就越高。因此，$Pmn2_1$-PO 在纳米压电器件中有广阔的应用前景。

上述研究结果表明，在二维黑磷烯中，表面氧化是一种诱导压电效应的有效方法。尤其是 $Pmn2_1$-PO 在氧气环境下，相比于黑磷烯有更好的热力学稳定性，可以在空气中稳定存在。$Pmn2_1$-PO 通过实验被合成的期望很高，它有潜力成为应用于传感器、制动器、电场发生器、拓扑绝缘体压电晶体管和任何其他需要电能与机械能转换场景的二维压电材料。

第 4 章
二维 twist-boat 氧化磷烯的压电效应

在第 3 章中研究了黑磷烯氧化后的压电效应,而磷烯这种新型的二维材料拥有多种不同构型的同素异构体,但是目前关于磷烯异构体氧化后的压电效应研究尚未考虑其他几种异构体。在本章中,首先应用第一性原理方法计算了几种不同磷烯异构体及其氧化变形后的形成焓。其中,chair 构型的磷烯氧化后的结构没有发生变形,也就没有破坏中心反演对称性,而压电效应的一个必备条件就是没有中心反演对称性;同时我们也发现了 boat-1 和 tricycle 构型的磷烯氧化变形后体系不稳定,因此没有计算它们的形成焓。比较几种磷烯异构体及其氧化后的形成焓,我们发现 9 种不同磷烯结构的形成焓中 twist-boat 构型氧化变形后的形成焓最低,因此,它在这 9 种结构中是最稳定的。随后,研究了 twist-boat 构型磷烯(θ-P)和它氧化变形后的构型(Pca2_1-PO)的能带结构,计算结果表明,它们都是间接带隙半导体型的电介质材料,满足压电材料是电介质材料的条件。接着,计算了 Pca2_1-PO 结构的压电系数,发现它在 x 和 y 方向都具有压电效应,这是目前其他主流二维压电材料所没有的,而且这个各向异性的压电效应可以在 x 和 y 两个方向上输出电压,输出的电压又可以通过应变来对它进行相应的调控。Pca2_1-PO 的压电应变系数 d_{12}(50.32pm/V)的值较大,有利于其在实验中成功制备。

4.1 引言

2014 年,单层黑磷通过机械剥离的方法在实验中成功制备,被命名为黑磷烯。高载流子迁移率[4,187-189]、本征的直接带隙[189,190] 和出色的机械灵活性[191]，使黑磷烯成为未来纳米电子领域潜在应用的一种卓越的二维材料。例如，Li 等人[187] 已经在厚度可达几纳米的多层黑磷晶体上制备出场效应晶体管。Steven 等人展示了在 Si/SiO_2 基底上的多层黑磷的场效应器件，并在 4 个探针下测量了载流子的迁移率[192]。在黑暗的状态下，黑磷场效应晶体管可以在空穴和电子掺杂下调节，允许双极性操作。Michele 等人报道了磷烯的迁移率约为 $100cm^2/(V\cdot s)$，并且它的电流开关比大于 10^3[193]。合成的黑磷烯 PN 结二极管可作为光伏太阳能的电池，它的能量转换效率为 0.75%[194]。为了拓宽其应用领域，研究人员希望通过同分异构体[5-7,9,157,195-198]、应力[199-201]、几何剪切[202] 和化学修饰[8,203-207] 等手段来调节其性能。值得注意的是，近年来氧化磷烯引起了凝聚态物理界和化学界的关注[8,204,205,207]。然而，对氧化磷烯的研究还不足，只有两种主要构型的表面原位吸氧和变形吸氧的黑磷烯被研究[203,205,207]。实际上，至少有 6 种合适的结构在氢化石墨烯中被提出来，并且相应的结构可作为磷烯异构体的模板[5,6,7,196]。例如，stirrup 构型的 α 磷烯（黑磷烯）[181]、chair 构型的 β 磷烯（蓝磷烯）[5,196]、boat-1 构型的 γ 磷烯[7]、boat-2 构型的 δ 磷烯[7]、twist-boat 构型的 θ 磷烯[6] 和 tricycle 构型的红磷烯[9]。类似于石墨烯表面加氢的情况[185]，这 6 种结构也是很好的磷烯氧化物的模板，为磷烯的表面氧化提供了新的基态。

本章系统地研究了表面氧化磷烯一系列可能构型的结构及其稳定性和电子性质。一种新的基于 θ 磷烯的 twist-boat 构型表面氧化变形的基态被发现，声子谱计算表明它在动力学上是稳定的，而且比之前提出的 Pmna[204] 和 $Pmn2_1$[205] 构型的氧化黑磷烯更稳定。此外，由于它的非中心对称性，新的 $Pca2_1$ 构型的氧化磷烯也是一种潜在的二维压电材料，与 $Pmn2_1$ 构型的氧化黑磷烯[206,207] 相类似。$Pca2_1$ 构型的氧化磷烯的压电应变系数 d_{11}、d_{12}、d_{21} 和 d_{22} 分别是 $-9.38pm/V$、$50.32pm/V$、$0.83pm/V$ 和 $-0.09pm/V$。这些值可与之前其他材料预测的压电应变系数相媲美，如金属二硫化物（MX_2, M=Cr, Mo, W, Nb, Ta; X=S, Se, Te）[161-164]，第Ⅲ与第Ⅳ主族的六角化合物（MX, M=B, Al, Ga, In; X=N, P, As, Sb）[15,26,169-175]，第Ⅱ族氧化物（MO, M=Be, Mg,

Ca,Zn,Cd)[164-168]，第Ⅳ主族的硫化物（GeS,GeSe,SnS 和 SnSe）[24,156,176-179]，基于管道的磷烯同素异构体[157]和之前提出的 Pmn2_1 构型的氧化黑磷烯[206,207]。计算结果显示，Pca2_1 构型的氧化磷烯的压电效应比通过实验制备的 h-BN 和 MoS$_2$[154] 更显著，表明 Pca2_1 构型的氧化磷烯有望被合成并应用于传感器、制动器、电场发生器和任何其他需要电能和机械能转换的应用场景中。

4.2 理论计算方法

所有结构的优化和性能的计算，都是用基于从头计算模拟软件包（VASP）[147,148]的第一性原理方法，它是利用平面波基矢来展开系统的波函数。原子核中 P($3s^23p^2$) 和 O($2s^22p^2$) 原子的价电子之间的相互作用力通过投影增广波方法[182]来描述。运用广义梯度近似[183]方法来计算价电子之间的相互作用。在计算参数设置中，切断能是 500eV，布里渊区的积分网格设置为 $9\times11\times1$ 的 k 点网格。在几何结构优化的过程中，晶格常数和原子位置都进行完全弛豫，直到每个原子上的残余力小于 10^{-3} eV/Å，而且总能的变化要小于 10^{-6} eV。在我们的计算模型中，将真空层设置为大于 20Å，来避免两层之间相互作用力的影响。对于新发现的 Pca2_1-PO 基态，通过 phonopy 代码[208,209]来模拟声子谱的振动谱，然后利用 VASP 计算出力常数矩阵来评估其动力学的稳定性。为了不低估带隙值，杂化泛函方法（HSE06）被用来计算能带结构[210]。通过对这些参数进行设置，计算了黑磷烯的晶格常数分别是 $a=4.62$Å 和 $b=3.31$Å，与实验结果（$a=4.536$Å 和 $b=3.308$Å)[194]相吻合。以上这些结果表明，我们所选择的方法和参数适用于目前的计算任务。

4.3 结果与讨论

4.3.1 twist-boat 构型氧化磷烯的结构和稳定性

θ 磷烯［图 4-1(a) 所示］的晶体结构与以前提出的 twist-boat 构型的石

墨烷很类似，θ磷烯优化后的晶格常数分别是 $a=5.78$Å 和 $b=6.21$Å，并且它属于中心反演对称性的非极性空间群 Pcca（空间群号：54）。表面全氧化后，获得了 2 种新结构，如图 4-1(b) 和 (c) 所示。原位表面吸附保持了体系（Pcca-PO）与 θ磷烯具有相同的空间群 Pcca。经过优化后，Pcca-PO 的晶格常数相应地增大到 $a=6.18$Å 和 $b=6.48$Å。这是因为表面孤电子对之间的库伦排斥力增大了（氧化前在 θ磷烯中每个 P 原子有 1 对，氧化后在 Pcca-PO 中每个 O 原子有 3 对）。P-O 对的上下畸变可能减小了体系中的库伦排斥力，并相应降低了体系的能量，使其更加稳定，类似于黑磷烯氧化过程中 Pmna-PO 到 $Pmn2_1$-PO 的转变[204,205]。通过这样的转变，预测了一种具有非中心反演对称的空间群 $Pca2_1$（空间群号：29）的新结构（$Pca2_1$-PO），如图 4-1(c) 所示。这样的结构变化使体系的厚度从 3.92Å 增加到了 5.05Å，$Pca2_1$-PO 的晶格常数也相应地增加为 $a=6.25$Å 和 $b=6.55$Å。$Pca2_1$-PO 的晶胞中有 8 个 P 原子和 8 个 O 原子。根据对称可知，在 $Pca2_1$-PO 的结构中只有 2 个不等价的 P 原子，它们原子的坐标位置分别是（0.6585，0.5090，0.6238）和（0.1286，0.5344，0.9278），另外那 2 个不等价的 O 原子的坐标位置分别是（0.1584，0.5810，0.8971）和（0.8213，0.5447，0.6615）。

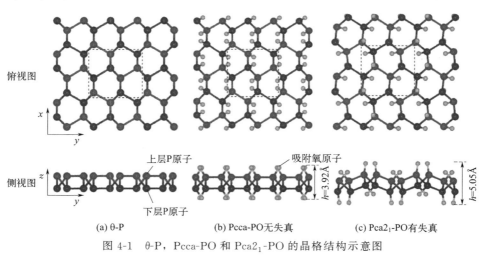

(a) θ-P　　　　(b) Pcca-PO无失真　　　　(c) $Pca2_1$-PO有失真

图 4-1　θ-P，Pcca-PO 和 $Pca2_1$-PO 的晶格结构示意图

在磷烯异构体的家族中，twist-boat 构型的 θ磷烯没有具有 stirrup 构型的 α磷烯和 chair 构型的 β磷烯稳定，但在表面氧化后，twist-boat 构型的磷烯（$Pca2_1$-PO）比 stirrup 构型和 chair 构型更加稳定。如图 4-2(a) 所示，

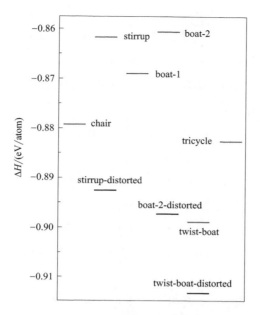

(a) 不同构型氧化变形后的形成焓

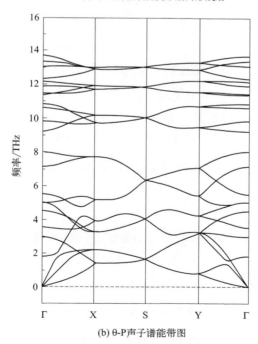

(b) θ-P声子谱能带图

图 4-2 chair、stirrup、boat-1、boat-2、twist-boat 和 tricycle 构型氧化变形后的形成焓（ΔH）与 θ-P 声子谱的能带图

我们计算了 9 种磷烯及其氧化物的形成焓[184,185]。9 种磷烯及其氧化物的基本晶体结构参数等信息列在了附录 A 中。与黑磷烯氧化过程中 Pmna-PO 到 $Pmn2_1$-PO 的转变相类似[204,205]，P-O 对在 boat-2 和 twist-boat 构型上的进一步畸变将导致体系的能量降低，并且增强了能量的稳定性。Boat-1 和 tri-cycle 构型磷烯氧化物的畸变并不能增强体系的稳定性，所以相应形成焓的结果没有在图 4-2(a) 中标记。计算结果表明，基于 twist-boat 构型畸变的 $Pca2_1$-PO 是一种磷烯氧化物的新基态。事实上，根据 Pcca-PO 和 $Pca2_1$-PO 负的形成焓可知，它们比参考相 O_2 和 θ 磷烯的体系更稳定。计算 Pcca-PO 和 $Pca2_1$-PO 的形成焓分别是 -0.899eV/atom 和 -0.913eV/atom。这意味着 O_2 在 θ 磷烯表面的吸附要释放 899meV/atom 的能量，甚至更多于这个能量。这些结果表明，裸露的 θ 磷烯在氧气环境中可以自发形成 Pcca-PO 和 $Pca2_1$-PO。

之前的研究结果[206]表明，未发生畸变的 Pmna-PO 在动力学上是不稳定的，它只是一种过渡态，可以通过 P-O 对的畸变自发地转变成动力学更为稳定的 $Pmn2_1$-PO。在本章中，首先计算了 twist-boat 构型磷烯的声子谱，如图 4-2(b) 所示，结果表明 θ 磷烯具有动力学稳定性。接着研究了 θ 磷烯氧化后的动力学稳定性，发现原位吸附的表面氧化的 Pcca-PO 同样在动力学上不稳定，在声子谱的振动光谱中有虚频出现，如图 4-3(a) 所示，这表明 Pcca-PO 也是一种过渡态，并且也可以自发转变成能量更为稳定、类似于 $Pmn2_1$-PO 的 $Pca2_1$-PO 结构。图 4-3(b) 是 $Pca2_1$-PO 声子谱的振动光谱图，没有出现虚频，表明它是磷烯氧化物的动态稳定相。

4.3.2 twist-boat 构型氧化磷烯的电子性质

图 4-4(a) 和图 4-4(b) 是 θ 磷烯和 $Pca2_1$-PO 的电子能带结构图。由 DFT-PBE 方法计算表明，它们都是间接带隙为 1.128eV 和 0.607eV 的半导体材料。由于 DFT-PBE 方法低估了带隙值，我们也用杂化泛函方法（HSE06）计算了带隙值，分别是 1.871eV 和 1.396eV，满足了压电效应的电介质材料的条件。从图 4-5 中计算的差分电荷密度可以看出，体系中的电

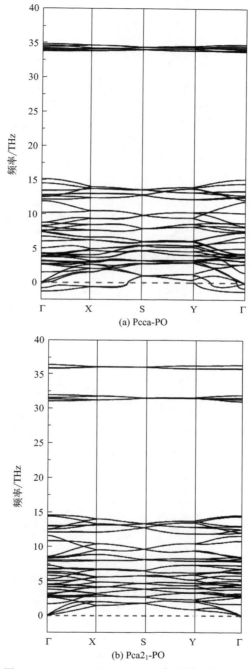

图 4-3 Pcca-PO 和 $Pca2_1$-PO 声子谱的能带图

子从 P 原子上转移到了 O 原子上，这表明了体系是离子型的化合物。这种离子性质使 $Pca2_1$-PO 成为一种潜在的极化系统，这也是形成较大压电效应所需要的。

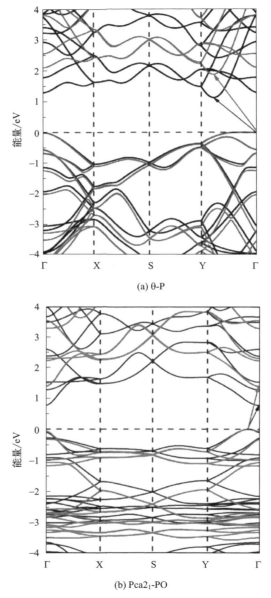

图 4-4　用 DFT-PBE（黑实线）和 HSE06（灰实线）计算 θ-P 和 $Pca2_1$-PO 的能带结构图

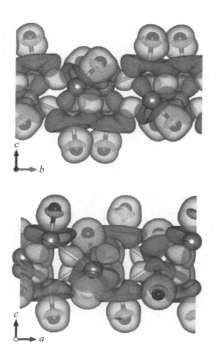

图 4-5 Pca2$_1$-PO 中不同方向的三维差分电荷密度图

差分电荷密度是由孤立 P 原子和 O 原子的电荷密度相减得到的，深灰色和浅灰色分别代表电荷的损失和聚集，等值面的值设置为 0.00869272e/Å^3

4.3.3 twist-boat 构型氧化磷烯的压电效应

之前提出的 Pmn2$_1$-PO，由于它是非中心反演对称的体系而被证实是一种潜在的二维压电材料。在这里我们注意到，新的 Pca2$_1$-PO 结构属于非中心反演对称空间群 Pca2$_1$(C$_{2V-5}$)，这使我们将注意力集中在新材料的压电性质上。而且，Pca2$_1$-PO 表面的孤电子对比 SnSe 更富裕，褶皱的 C$_{2V}$ 对称性和沿扶手椅型方向的柔性结构有望进一步增强其压电效应。为了获得 Pca2$_1$-PO 的平面弹性系数 C_{11}、C_{22} 和 C_{12}，我们对它单胞的能量 U 在一系列的二维应变 (ε_{11}, ε_{22}) 状态下的值进行拟合。计算了 81 个应变状态下 (ε_{11} 和 ε_{22} 的 9×9 的网格变化范围是 -0.02～0.02) 的能量值，由第 2 章式(2-1) 给出的方程进行相应的拟合。对于每一个应变情况，原子的位置经过充分的弛豫，这种"离子优化"方法与实验上的结果相一致。

计算 SnSe 的平面弹性系数 C_{11}、C_{22} 和 C_{12} 分别是 21.54N/m，42.56N/m 和 17.92N/m。这与之前文献 [24] 中报道的结果一致，验证了计算参数设置的正确性。图 4-6 所示的是 $Pca2_1$-PO 能量表面和能量与外部

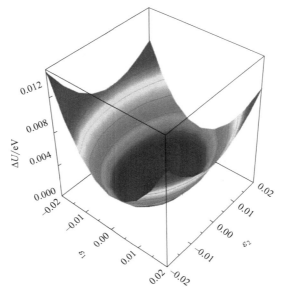

(a) $Pmn2_1$-PO 在 x 和 y 方向上的总能量与单轴应变的三维曲面图

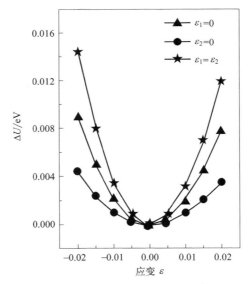

(b) 系统能量对施加应变的二次依赖关系

图 4-6　$Pca2_1$-PO 能量表面和能量与外部应变关系

应变的关系，这个应变关系是由第 2 章式(2-1) 给出。通过对图 4-6 中的结果进行二次拟合，我们得到了 Pmn2$_1$-PO 的面内弹性系数 C_{11}、C_{22} 和 C_{12} 分别是 41.45N/m，19.74N/m 和 2.23N/m，与 h-BN、MoS$_2$、SnSe、θ 磷烯、α 磷烯和 Pca2$_1$-PO 这些二维压电材料一起列在表 4-1 中作对比。Pmn2$_1$-PO 和 Pca2$_1$-PO 的面内弹性系数明显小于表 4-1 中所列的相对应的纯磷烯的面内弹性系数。弹性系数的这一变化是表面氧化后面内 P-P 键缩短导致的，也通过电子的转移诱导出了结构的离子特性。单层的 h-BN 在氢化的过程中也有类似的变化[23]。

表 4-1　Pca2$_1$-PO 和文献中的材料计算的弹性系数 C_{ij}，压电系数 e_{ij} 和 d_{ij}

材料	C_{11}/(N/m)	C_{12}/(N/m)	C_{22}/(N/m)	e_{11}/(10^{-10} C/m)	e_{12}/(10^{-10} C/m)	e_{21}/(10^{-10} C/m)	e_{22}/(10^{-10} C/m)	d_{11} (pm/V)	d_{12} (pm/V)	d_{21} (pm/V)	d_{22} (pm/V)
α-P	24.15	16.99	103.03	—	—	—	—	—	—	—	—
Pmn2$_1$-PO	22.86	5.64	48.16	20.13	4.06	—	—	88.54	−1.94	—	—
θ-P	73.72	7.42	37.85	—	—	—	—	—	—	—	—
Pca2$_1$-PO	41.45	2.23	19.84	−2.77	9.77	0.34	0	−9.38	50.32	0.83	−0.09
SnSe	21.54	17.92	42.56	44.00	11.29	—	—	280.49	−91.57	—	—
h-BN[19]	291	62	291	1.38	—	—	—	0.6	—	—	—
MoS$_2$[19,24]	130	32	130	3.64	—	—	—	3.73	—	—	—
GeS[24]	20.87	22.22	53.40	4.6	−10.1	—	—	75.43	−50.42	—	—
SnSe[24]	19.88	18.57	44.49	34.9	10.8	—	—	250.58	−80.31	—	—

使用现代极化理论的 Berry phase 方法，接下来计算 Pca2$_1$-PO 的线性压电系数。与 Pmn2$_1$-PO[150] 相对比，Pca2$_1$-PO 沿着锯齿形（y）方向不存在镜面对称，它使 Pca2$_1$-PO 在两个方向都拥有了压电效应。这里同样不考虑剪切应变 ε_{12}，通过空间群 Pca2$_1$ 的对称性可知，Pca2$_1$-PO 的非零独立压电系数是 $\{e_{111}, e_{122}, e_{211}, e_{222}\}$ 和 $\{d_{111}, d_{122}, d_{211}, d_{222}\}$，指标 1 和 2 分别表示 x 和 y 方向。用沃伊特符号表示，压电系数可以被简化为 $\{e_{11}, e_{12}, e_{21}, e_{22}\}$ 和 $\{d_{11}, d_{12}, d_{21}, d_{22}\}$。基于第 2 章对应力应变的讨论，在 $\{e_{11}, e_{12}, e_{21}, e_{22}\}$ 和 $\{d_{11}, d_{12}, d_{21}, d_{22}\}$ 之间可以由式(2-2)~式(2-5)给出。

然后计算 Pca2$_1$-PO 单位面积的极化矢量 $\boldsymbol{P}_1$ 和 $\boldsymbol{P}_2$ 对一系列的单轴应变 ε_{11} 和 ε_{22} 的变化，从而计算出 e_{11}、e_{12}、e_{21} 和 e_{22} 的压电应力系数，计算

结果显示在图4-7(a)和(b)中。对它们的斜率进行线性拟合，得到e_{11}、e_{12}、e_{21}和e_{22}的压电应力系数分别是-2.77×10^{-10} C/m、0.34×10^{-10} C/m、9.77×10^{-10} C/m和0。由第2章式(2-2)到式(2-5)得到相应的d_{11}、d_{12}、d_{21}和d_{22}压电应变系数分别是-9.38 pm/V，50.32 pm/V，0.83 pm/V

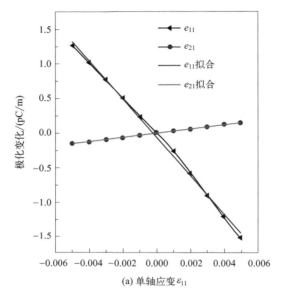

(a) 单轴应变ε_{11}

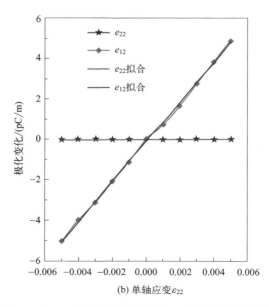

(b) 单轴应变ε_{22}

图4-7 施加单轴ε_{11}和ε_{22}应变后氧化磷烯沿x方向单胞单位面积的极化变化

和 -0.09pm/V。如表 4-1 所示，可以看到这些压电系数值比 h-BN 和 MoS_2 的压电系数值更显著，可以与 $\text{Pmn}2_1$-PO 和第Ⅳ主族硫族化合物相媲美。

图 4-8 中绘制了 twist-boat 构型磷烯和 $\text{Pca}2_1$-PO 在 x 和 y 方向上的平均平面静电势，以展示这些体系中极化场的强度。从图 4-8(a) 和 (b) 可以看出，在 twist-boat 构型磷烯中锯齿形链没有发生变形，也就不存在极化场，这与 twist-boat 构型磷烯中存在中心反演对称性的原因相一致。而在 twist-boat 构型磷烯氧化后的 $\text{Pca}2_1$-PO 结构中，在 x 和 y 方向上的极化场强度都不明显，如图 4-8(c) 和 (d) 所示，与黑磷烯氧化后的 $\text{Pmn}2_1$-PO 结构的极化场强度形成了明显的对比。这可能是因为 twist-boat 构型磷烯氧化变形后，它的原胞中氧原子数比黑磷烯氧化变形后的结构中的氧原子数多了一倍，相应的在表面上也就多了一对氧原子，这一对氧原子与另一对氧原

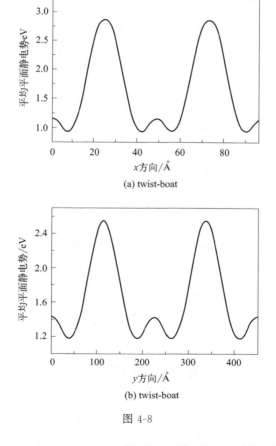

(a) twist-boat

(b) twist-boat

图 4-8

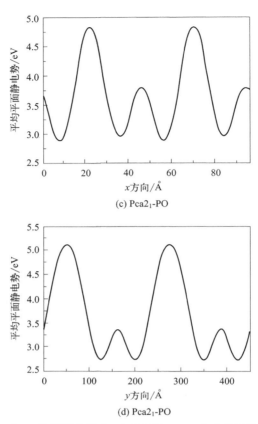

图 4-8 twist-boat 构型磷烯和 Pca2$_1$-PO 沿 x, y 方向的平均平面静电势

子产生的极化方向相反,而大小不相同,进而削弱了宏观上的极化场强度,并且 Pca2$_1$-PO 结构原胞的晶格常数也比黑磷烯氧化变形后的 Pmn2$_1$-PO 结构的晶格常数要大。这两方面因素的综合作用可能使得 Pca2$_1$-PO 结构的压电效应不如 Pmn2$_1$-PO 结构那么大,因此,在平均平面静电势中锯齿形链没有发生明显的变形,没有图 3-6 中 Pmn2$_1$-PO 结构中锯齿形链变形得那么明显。这些结果让我们对压电效应中的极化有了更深入的理解,为进一步分析压电效应的起源提供了方向。

4.3.4 twist-boat 构型氧化磷烯的光学性质

分析光学性质,计算 twist-boat 构型磷烯和 Pca2$_1$-PO 的光吸收系数,可见光的波长范围是 760~400nm，对应于光子能量的范围是 1.63~3.11eV，如图 4-9 中的竖直虚线所示。在第 3 章中计算了黑磷烯的光吸收系数，与 Jing 等人[186]文章中报道的结果相一致，说明计算方法和参数设置的合理性。计算 twist-boat 构型磷烯和 Pca2$_1$-PO 在 x、y 和 z 方向上的光吸收系数。从图 4-9 中可以看出，在可见光范围内，twist-boat 构型磷烯在 x、y 和 z 方向上的介电曲线的光吸收系数都随着波长的减小而增大；而 Pca2$_1$-PO 的介电曲线的光吸收系数在 x 和 y 方向上都呈现出中间高、两边低的情况，在 z 方向上介电曲线的光吸收系数虽然很小，但还是随着波长的减小而增大。而且 x、y 和 z 方向上，与 twist-boat 构型磷烯相比，Pca2$_1$-PO 结构在可见光范围内对光的吸收系数更强，这有利于 Pca2$_1$-PO 在光学和压电等器件中的进一步应用。

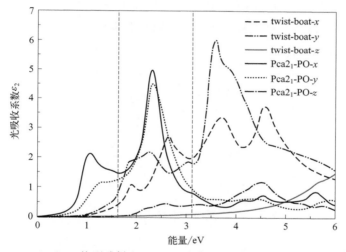

图 4-9 twist-boat 构型磷烯和 Pca2$_1$-PO 在 x、y 和 z 方向上的光吸收图

4.4 结论

本章基于第一性原理的计算，确定了一种新的表面氧化磷烯的基态构型（Pca2$_1$-PO）。形成焓的计算结果表明 Pca2$_1$-PO 具有显著的能量稳定性，它的稳定性超过了其他磷烯的氧化物，并且被证实具有动力学稳定性。研究结

果表明，Pca2$_1$-PO 是间接带隙的半导体，通过 DFT-PBE 方法和 HSE06 方法计算得到的带隙值分别是 0.607eV 和 1.396eV。鉴于它的非中心反演对称性，Pca2$_1$-PO 被预测为一种很好的二维压电材料，其中，Pca2$_1$-PO 的压电应变系数 d_{12} 达到了 50.32pm/V。可以与报道的二维压电材料第Ⅳ主族硫化物中的 GeS(-50.42pm/V) 的压电系数相媲美，并且比通过实验制备的 h-BN(0.6pm/V) 和 MoS$_2$(3.73pm/V) 的压电系数大 1~2 个数量级。在制成纳米压电器件的时候，压电效应越大，它的调控范围就越大，纳米压电器件的灵敏度也就越高。因此，Pca2$_1$-PO 在纳米压电器件中有广阔的应用前景。上述研究结果表明，在二维磷烯的异构体中，表面氧化是一种诱导压电效应的有效方法。Pca2$_1$-PO 在氧化后，它的形成焓是最低的，即它的结构相比于黑磷烯氧化变形后结构还要稳定。这些结果表明，Pca2$_1$-PO 有望被合成一种有前景的二维压电材料，并且在传感器、制动器、电场发生器、拓扑绝缘体压电晶体管和任何其他用于电能和机械能转换的纳米设备上都具有潜在的应用价值。

第 5 章
二维 TIP 构型氢化后的压电效应

目前对二维压电材料的研究主要集中在面内压电效应，而面外的压电效应研究还很少，一方面是面外的压电效应相比于面内的压电效应要小很多，另一方面是结构需要有翘曲或者褶皱，需要在具有非中心反演对称的结构中寻找。我们在结构数据库中搜索找到了磷化铊（TlP），初步对它的压电效应进行了计算分析，结果发现它的压电效应很小。通过文献调研，发现可以采用化学修饰的手段来增强它的压电效应。分别用 O 原子、S 原子和 F 原子吸附，发现它们的结构不稳定，发现吸附 H 原子后，可以形成稳定的二维非中心反演对称的结构。然后对其氢化后的性质进行相应的分析。用 DFT-PBE 方法计算氢化后的能带，发现它的带隙从 0.256eV 增大到 0.801eV，随后计算的压电效应也有明显的增强，面外的压电效应也有明显增大，TlP 氢化后它的压电应变系数 d_{11} 和 d_{31} 分别是 24.65pm/V 和 -3.81pm/V。在目前的报道中，磷化铊面外压电应变系数 d_{31} 的值较大，由于面外压电系数在实验上更容易被测量，因此更容易被应用于纳米压电等设备中。

5.1 引言

近年来，压电材料引起了凝聚态物理学家、化学家、半导体器件工程师和材料科学家的广泛兴趣。同时，它也引起了科学界对二维压电材料的关注。压电是一种特殊的材料性质，它能将机械能转化为电能，反过来也能将电能转化为机械能。压电材料是一种打破了它的倒反和镜像对称的半导体材料。例如，有许多过渡金属的二硫化物[61-64]，第Ⅲ与第Ⅳ主族的六角化合物[19,26,169-175]，第Ⅱ主族的氧化物[164-168]，第Ⅳ主族的单层硫化物[24,156,176-179]，第Ⅲ主族的双面硫化物单层[27]，基于管状的磷烯同素异构体[157] 和之前提出的表面氧化磷烯异构体[206,207]。表面化学修饰方法，包括引入吸附原子和缺陷，如氢氟化的五角石墨烯[28]、氢与氟共同吸附的石墨烯[22]、氢氟化的 h-BN 薄片[23]。然而，目前还没有发现一种二维材料在面外具有较大的压电效应。

最近，有关于面外压电效应的研究报道。例如，Gao 等人[27] 报道了第Ⅲ主族双面硫化物单层的面外压电效应，压电应变系数 d_{31} 为 0.07～0.46pm/V。Jia 等人[28] 发现五角石墨烯在氢氟化过程中展示出较大的面外压电应力系数（e_{31}＝96.88pC/m）。TlP 没有中心反演对称性，并且具有本征的压电效应。更令人惊奇的是，我们发现 TlP 表面加氢后表现出比 TlP 更大的压电效应。由于对压电材料有了进一步了解，我们可以采取多种方式来破坏它的中心反演对称性，如化学掺杂、原子吸附和缺陷等。值得一提的是，我们提出 TlP 可以通过选择表面吸附氢原子的方法来增强其压电效应。

本章系统地研究了 TlP 表面加氢吸附后的晶体结构及其稳定性和电子性质，得到一种基于 TlP 的表面加氢的新基态（TlPH$_2$），具有动力学和热力学稳定性。此外，新的 TlPH$_2$ 结构由于具有非中心反演对称性，是一种潜在的二维压电材料。TlPH$_2$ 结构的压电应变系数 d_{11} 和 d_{31} 分别是 24.65pm/V 和－3.81pm/V。研究发现，TlPH$_2$ 结构的压电效应显著大于理论上预测的氢氟化的五角石墨烯[28] 和第Ⅲ主族的双面硫化物[27]，这表明 TlPH$_2$ 结构通过实验被合成的可能性进一步增大，并可用于传感器、制动器、电场发生器和任何其他需要电能和机械能转换的应用场景中。

5.2 计算模型与方法

所有结构的优化和性能的计算，都是用基于从头计算模拟软件包（VASP）[147,148] 的第一性原理方法，利用平面波基矢来展开系统的波函数。

原子核中价电子之间的相互作用力通过投影增广波方法[182]来描述。计算价电子间的相互作用是用广义梯度近似[183]方法来描述的。在计算参数设置中，切断能是500eV，布里渊区的积分网格设置为$5\times9\times1$的k点网格。在几何结构优化的过程中，晶格常数和原子位置都完全弛豫，直到每个原子上的残余力小于10^{-3}eV/Å，而且总能的变化要小于10^{-6}eV。在我们所有的计算模型中，真空层设置为大于20Å，避免两层之间相互作用力的影响。对于新发现的$TlPH_2$基态，通过phonopy代码[208,209]模拟声子谱的振动谱，然后利用VASP计算出力常数矩阵来评估其动力学的稳定性。为了不低估带隙值，杂化泛函方法（HSE06）被用来计算能带结构[210]。

5.3 结果与讨论

5.3.1 TlP结构氢化后的结构和稳定性

TlP的晶体结构［图5-1(a)］与之前的h-BN的结构非常相似。它属于非中心反演对称性的扭曲蜂窝式结构（空间群为P3m1，No.156），优化后的晶格常数为$a=7.61$Å和$b=4.39$Å。加氢氢化后，获得了相同的空间群结构，如图5-1(b)所示。原位表面吸附保持了体系（$TlPH_2$）与TlP具有相同的空间群P3m1结构。结构经过充分优化后，$TlPH_2$的晶格常数相应地变为$a=7.72$Å和$b=4.40$Å，相对于TlP的晶格常数没有发生很大变化。随后，计算$TlPH_2$的声子谱，如图5-2所示。在布里渊区的Γ点附近有一点小的虚频，实验中稳定的二维材料有一定的起伏或翘曲，这是因为垂直于二维材料平面的方向上有声子振动，这也是一般情况下二维材料不可避免的，虚频在实验上不影响它的制备。此外，我们用$2\times3\times1$的超胞在室温下（300K）执行了第一性原理的分子动力学（MD）模拟，模拟时间步长为1fs，来研究$TlPH_2$薄膜体系结构的热力学稳定性。总模拟时间达到5ps，$TlPH_2$薄膜体系的模拟结果如附录C中的图C-1所示。计算模拟结果表明，在5ps模拟的整个过程中，总能量在平衡态附近保持上下的振荡，而且

TlPH$_2$ 薄膜体系的结构在整个模拟过程中得以完整保持,没有出现键断裂和原子丢失的现象,表明在室温条件下,单层 TlPH$_2$ 是热力学稳定的。

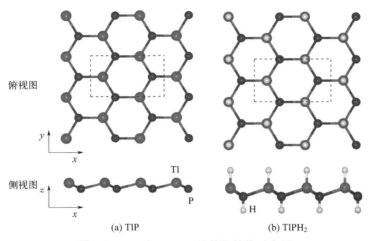

图 5-1 TlP 和 TlPH$_2$ 的晶格结构示意图

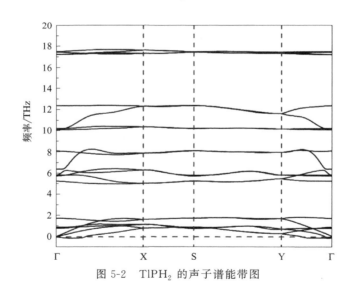

图 5-2 TlPH$_2$ 的声子谱能带图

形成能 E_f 描述了 TlPH$_2$ 体系的相对稳定性,体系的形成能 E_f 是通过公式 $E_f=(E_{total}-E_{TlP}-2E_{H_2})/8$ 计算得到的。其中,E_{total} 是体系的总能量,E_{TlP} 是单胞 TlP 的能量,E_{H_2} 是氢分子的能量,分母中的 8 代表体系中单胞的总原子数。TlPH$_2$ 系统的形成能是 -1.11eV/atom,负值表示放热过程,表明 TlP 在吸附 H 原子后的结构的结构是正常的。也就是说,

TlPH$_2$ 体系的能量低于初始 TlP 体系和 H$_2$ 分子的能量。

5.3.2 TlP 结构氢化后的电子性质

图 5-3 是 TlP 和 TlPH$_2$ 的电子能带图。它们是直接带隙半导体，用

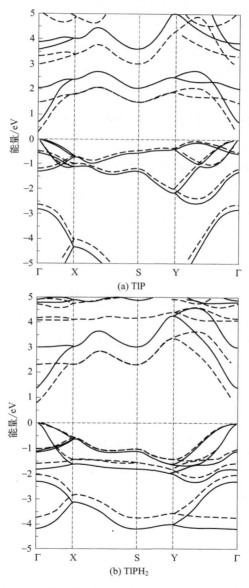

图 5-3　TlP 和 TlPH$_2$ 用 DFT-PBE（虚线）和 HSE06（实线）计算的能带图

DFT-PBE 方法计算，带隙值分别是 0.256eV 和 0.801eV，由于 DFT-PBE 方法一般会低估带隙值，用 HSE06 方法计算了它们的带隙值，计算结果分别是 0.697eV 和 1.402eV。由于 TlPH$_2$ 具有非中心反演对称性和电介质特性，需进一步研究它的压电性质，以对其重要性有更深入的了解。TlP 具有非中心反演对称结构，是一种潜在的二维压电材料。同时，我们对其压电系数进行了计算，虽然该值可接受，但我们仍采用了吸附氢原子的修饰方法来增强它的压电效应。在这种情况下，我们注意到新的 TlPH$_2$ 结构仍然属于非中心反演对称的空间群 P3m1($C_{3V\text{-}1}$)，类似于初始 TlP 的晶格结构。

5.3.3 TlP 结构氢化后的压电效应

为了获得相应的面内弹性系数 C_{11}、C_{22} 和 C_{12}，我们对单胞的能量 U 在一系列的二维应变（$\varepsilon_{11},\varepsilon_{22}$）状态下的值进行拟合。由第 2 章式(2-1)进行相应的拟合。对于每一个应变状态，原子的位置经过充分的弛豫，这种"离子优化"方法与实验结果相一致。

计算 GaP 和 InP 的面内弹性系数 C_{11}、C_{22} 和 C_{12} 分别是 62.23N/m、62.23N/m、21.06N/m 和 45.09N/m、45.14N/m、18.77N/m。这些结果与文献 [26] 中报道的结果相一致，验证了计算参数设置的合理性。图 5-4(a) 所示为 TlPH$_2$ 的能量表面和能量与外部应变的关系图，这个应变关系是由第 2 章式(2-1)给出的。对图 5-4(a) 中的结果进行二次拟合，得到了 TlPH$_2$ 的面内弹性系数 C_{11}、C_{22} 和 C_{12}，它们的值分别是 24.82N/m、24.90N/m 和 11.88N/m，与 TlP、h-BN、MoS$_2$、GaP 和 InP 这些二维压电材料一起列在表 5-1 中作对比。我们用 DFPT 方法计算 TlPH$_2$ 的 C_{13}、C_{14}、C_{33} 和 C_{44}，相应的值分别是 0.31N/m、-0.05N/m、0.22N/m 和 0.002N/m。根据计算结果可知，$C_{11} > |C_{12}|$，$C_{13}^2 < 0.5 C_{33}(C_{11}+C_{12})$，$C_{14}^2 < 0.5 C_{44}(C_{11}-C_{12})$[211-213]，这表明 TlPH$_2$ 在机械性上也可以稳定存在。TlPH$_2$ 的面内弹性系数明显大于表 5-1 中所列的相对应的 TlP 的面内弹性系数。弹性系数的变化是由于面内 Tl-P 键在表面氢化后缩短而引起的，通过电子的转移诱导出了结构的离子特性，间接表明它是有压电效应的。单

层的 h-BN 在氢化的过程中也有类似的变化[23]。

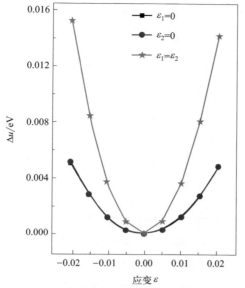

(a) 系统能量对施加应变的二次依赖关系

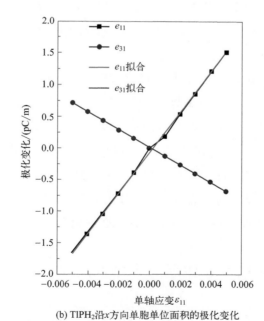

(b) TlPH$_2$ 沿 x 方向单胞单位面积的极化变化

图 5-4 系统能量对施加应变的二次依赖关系与 TlPH$_2$ 沿 x 方向单胞面积的极化变化图

表 5-1　$TlPH_2$ 和文献中的材料计算的弹性系数 C_{ij}，压电系数 e_{ij} 和 d_{ij}

材料	C_{11}/(N/m)	C_{12}/(N/m)	C_{22}/(N/m)	e_{11}/(10^{-10}C/m)	e_{31}/(10^{-10}C/m)	d_{11}/(pm/V)	d_{31}/(pm/V)
TlP	32.31	14.46	32.98	0.40	−0.19	2.27	−0.40
$TlPH_2$	24.82	11.88	24.90	3.19	−1.40	24.65	−3.81
GaP	62.23	21.06	62.23	0.38	−0.39	0.92	−0.47
InP	45.09	18.77	45.14	0.48	−0.33	1.82	−0.52
h-BN[19]	291	62	291	1.38	—	0.6	—
MoS_2[19,24]	130	32	130	3.64	—	3.73	—
GaP[26]	67.28	21.68	67.28	0.44	−0.45	0.96	−0.51
InP[26]	46.22	18.33	46.22	0.40	−0.48	1.45	−0.74
H-PG-F[28]	—	—	—	—	0.97	—	—

用现代极化理论的 Berry phase 方法计算 $TlPH_2$ 的线性压电系数。而对于二维六角结构，计算应力和应变只需要考虑 $1(xx)$ 和 $2(yy)$。考虑到 3m 的对称性，e_{111}、e_{311}、d_{111} 和 d_{311} 压电系数都是非零的。用沃伊特符号表示，压电系数可以被简化为 $\{e_{11},e_{31}\}$ 和 $\{d_{11},d_{31}\}$。基于第 2 章对应力应变的讨论，$\{e_{11},e_{31}\}$ 和 $\{d_{11},d_{31}\}$ 之间可以用第 2 章式(2-6) 和式 (2-7) 的方程给出。

然后计算 $TlPH_2$ 单位面积的极化矢量 $\boldsymbol{P}_1$ 对一系列的单轴应变 ε_{11} 的变化，从而计算出压电应力系数 e_{11} 和 e_{31}，计算结果显示在图 5-4(b) 中。对数据的斜率进行一次线性拟合，得到 e_{11} 和 e_{31} 的压电应力系数分别是 3.19×10^{-10}C/m 和 -1.40×10^{-10}C/m，相应的 d_{11} 和 d_{31} 压电应变系数分别是 24.65pm/V 和 −3.81pm/V。

由表 5-1 可以看到，这些压电系数比 h-BN 和 MoS_2 的压电系数更显著，可以与 $Pmn2_1$-PO 和第Ⅳ主族的硫族化合物相提并论。

5.3.4　TlP 结构氢化后的光学性质

分析光学性质，计算了 TlP 和 $TlPH_2$ 的光吸收系数，可见光的波长范围是 400~760nm，对应于光子能量的范围是 1.63~3.11eV，如图 5-5 中的竖直虚线所示。在第 3 章中计算了黑磷烯的光吸收系数，与 Jing 等人[186]

报道的结果相符合，说明计算方法和参数设置的合理性。如图 5-5 所示，计算 TlP 和 TlPH$_2$ 在 x、y 和 z 三个方向的光吸收系数。从图 5-5 中可以看出，在可见光范围内，TlP 在 x 和 y 方向都呈现出中间高、两边低的情况；而 TlPH$_2$ 的介电曲线的光吸收系数在 x 和 y 方向都呈现出中间低、两边高的情况，在 x 和 y 方向的介电曲线基本重合，说明它在 x 和 y 方向的性质是各向同性的。TlP 和 TlPH$_2$ 在 z 方向上介电曲线的光吸收系数都很小，但也随着波长的减小而缓慢增加。但是在 x、y 和 z 三个方向，TlP 结构在可见光范围内对光的吸收系数比 TlPH$_2$ 构型更强，这表明 TlP 的氢化对光吸收系数这一性质不利。

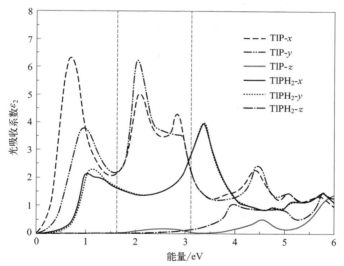

图 5-5　TlP 和 TlPH$_2$ 在 x、y 和 z 方向上的光吸收图

5.4　结论

本章基于第一性原理的计算，预测了一种新的表面氢化 TlP 的基态构型（TlPH$_2$）。TlPH$_2$ 具有显著的机械稳定性，并且被证实具有动力学和热力学稳定性。研究结果表明，TlPH$_2$ 是间接带隙半导体，通过 DFT-PBE 方法和 HSE06 方法计算得到的带隙值分别是 0.801eV 和 1.402eV。TlPH$_2$ 被

预测为是一种很好的二维面外压电材料，其中 TlPH$_2$ 的压电应变系数 d_{11} 达到了 24.65pm/V。比通过实验已制备的 h-BN（0.6pm/V）和 MoS$_2$（3.73pm/V）的压电系数大 1～2 个数量级。而它的面外压电应变系数 d_{31} 达到了－3.81pm/V，比目前报道的最大的面外压电材料 InP 的大了 1 个数量级（压电系数为－0.74pm/V）。较大的面外压电效应，在实验中更容易被检测和应用，也加快了面外压电材料在纳米压电器件中的应用进程。在制成纳米压电器件时，压电效应越大，其调控范围就越大，纳米压电器件的灵敏度也就越高。因此，TlPH$_2$ 在纳米压电器件中有广阔的应用前景。上述研究结果表明，在二维 TlP 的结构中，表面氢化即吸附氢原子是一种增强压电效应的有效方法。通过实验可知，TlPH$_2$ 有望被合成一种有前景的二维压电材料，并且在传感器、制动器、电场发生器和任何其他用于电能和机械能转换的纳米压电设备中都具有潜在应用价值。

第 6 章

二维 1T′-WSTe 中的拓扑相变

普通绝缘体和拓扑绝缘体之间的拓扑相变在拓扑机制分析和新的拓扑材料中扮演着很重要的角色。本章将基于二维单层拓扑绝缘体 $1T'$-WTe_2 结构，构建一种新型的二维拓扑绝缘体材料：$1T'$-WSTe。它是一种典型的中心反演不对称的二维拓扑绝缘体材料。这种材料的独特魅力在于它的低能电子结构与反演破缺的拓扑相变点非常接近。第一性原理计算显示 $\pm 4\%$ 的单轴应变可以有效地将二维材料调控为拓扑绝缘相或普通绝缘体相。它不仅具有比 h-BN 和 MoS_2 都大的面内压电应力系数 e，还具有面外压电效应，在实验上可以通过压电效应代替应变来调控它的拓扑相变。

6.1 引言

拓扑绝缘体是拓扑材料中的一种，在近几年来引起了研究者的关注。它的特征是低能电子态具有体带隙，但它又具有非平庸的无带隙表面态或边界态。自从 2004 年发现石墨烯[1]以来，它成为了第一个二维绝缘体材料[94]的模型，这激发了大量的研究者对其他潜在的二维拓扑材料的研究兴趣，如过渡金属的二硫化物[107,120,214]、第Ⅳ主族的硅烯和锡烯[98,215]、重金属原子的单层材料[216-219]、HgTe/CdTe[220] 和 InAs/GaSb[221] 的量子阱。普通绝缘体与拓扑绝缘体之间的转变是分析这些二维材料中非平凡拓扑相变起源的一个重要因素。根据 Shuichi 等人[119] 的说法，拓扑相变必须伴随带隙闭合。如果材料具有空间反演对称性，则带隙闭合必须发生在时间反演不变点上；如果不存在这种对称性，则带隙闭合一般不会发生在时间反演不变点上。Qian 等人[120] 从理论上提出拓扑相变可以通过施加垂直电场来实现。Tang 等人[107] 为拓扑非平庸的 1T′-WTe$_2$ 提供了强有力的证据。然而，这项工作没有提及怎么实现拓扑相变。此外，也很少有文献报道其他二维拓扑材料关于拓扑相变实现的新方法。

在本章中，考虑到二维双面过渡金属二硫化物[10,11] 在实验中通过替换一层 S 为 Se 来实现，对此提出了一种新的反演不对称的二维拓扑绝缘体材料 1T′-WSTe。研究发现，1T′-WSTe 具有非平庸的拓扑性质，即 $Z_2=1$，在费米能级附近的低能电子结构可以通过双能带的有效模型较好地进行描述。此外，1T′-WSTe 的拓扑相变可以通过单轴应变较好地调控，并且它可以用双能带有效模型中的质量项 m 来表示。

6.2 计算模型与方法

二维 1T′-WSTe 的第一性原理计算基于从头计算模拟软件包（VASP）[147,148]，它利用平面波基矢来展开系统的波函数。原子核中价电子之间的相互作用力通过投影增广波方法[182] 来描述。价电子间的相互作用的计算运用广义梯度近似[183] 方法。在计算参数设置中，切断能设置为 500eV，布里渊区的积分网格设置为 $11 \times 7 \times 1$ 的 k 点网格。在几何结构优化的过程中，晶格常数和原子位置都完全弛豫，直到每个原子上的残余力小于 10^{-3} eV/Å，而且总能的变化要小于 10^{-6} eV。在所有的计算模型中，为了避免两层之间相互作用力的影响，设置真空层的厚度大于 18Å。为了研究边界态，构造了基于最大局域化（MLWF）[222-224] 瓦尼尔函数的紧束缚哈密顿量。随后采用迭代方法[225,226]，该方法通过 WannierTools[227] 软件包来研究边界态。

6.3 结果与讨论

6.3.1 二维 1T′-WSTe 的结构和电子性质

本章的主要目标是实现二维反演不对称体系的拓扑相变。为此，选取已通过实验合成的中心反演对称性二维单层材料 1T′-WTe$_2$[67]。在不考虑自旋轨道耦合（SOC）作用的情况下，它是一种典型的受非对称保护的拓扑金属；在考虑 SOC 作用的情况下，它将转变成二维拓扑绝缘体[214,228]。1T′-WSTe 的点群是 C$_{2h}^2$，这个点群的生成子可以设置为倒反操作算符 $P(-x, -y, -z)$ 和偏离中心的镜面操作算符 $M_y(x, -y+1/2, z)$ 的组合算符。由于时间反演对称性（T）的存在，当考虑 SOC 时，复合操作算符 PT 使二维 1T′-WSTe 的能带在整个布里渊区具有双重简并度（Kramers 简并）。此外，由于空间反演对称性的存在，k 点的带隙闭合点为时间反演不变点，当拓扑相变发生时且通过小应变几乎不能实现。我们通过用 S 原子替换一层的 Te 原子（上层或下层）来破坏中心反演对称性，2H-MoS$_2$ 家族这种相似的替换已通过实验实现[10,11]（Se 原子不是一个很好的替换原子选择，这是因为应变不能诱导它的拓扑相变，而且初始的 1T′-WSeTe 是拓扑平庸的，如附录 D 中的图 D-1 所示）。在这种情况下，Kramers 简并只发生在倒空间的时间反演不变点上。

二维 1T′-WSTe 优化后的结构如图 6-1 所示，优化后的晶格常数为 $a=3.34$Å 和 $b=6.05$Å。初始结构 1T′-WSTe 的声子色散图如附录 D 中的图 D-2 所示。除了在 Γ 点附近有虚频外，其他路径上都没有虚频，Γ 点附近有虚频是一般二维材料声子谱都有的情况，可以认为，1T′-WSTe 结构具有动力学稳定性。它的热力学稳定性可以通过吉布斯自由能和第一性原理的分子动力学模拟（MD）验证，如附录 D 中的补充材料和图 D-3 所示。显然，与原始的 1T′-WTe$_2$ 结构相比，中心反演对称性算符 P 被破坏了，图 6-1(a)

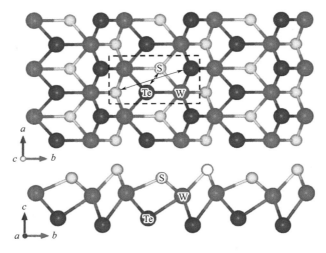

(a) 二维1T′-WSTe的俯视图和侧视图

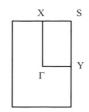

(b) 1T′-WSTe 的第一布里渊区和高对称点图

图 6-1　二维 1T′-WSTe 的俯视图、侧视图与第一布里渊区和高对称点图

单胞用虚线表示，中心反演不对称用双箭头表示

中的双箭头很好地说明了这一点。为了对中心反演对称性破缺进行具体的分析，我们计算了二维 1T′-WSTe 的 Bader 电荷[229-231]。发现每个 S 原子（Te 原子）从 W 原子上平均获得 0.63e(0.21e)，这表明在 S 原子和 Te 原子之间的电负性存在差异。利用晶体轨道哈密顿量（pCOHP）[232,233] 进一步分析费米能级附近的带隙关闭点的成键特征，其 W-Te 和 W-S 键的 pCOHP 分析分别如图 6-2 所示，其中负（正）值分别表示着反键（成键）态。从图中我们发现主要由 W-S 的反键态形成。计算二维 1T′-WSTe 结构的投影能带，结果表明，它在费米能级附近的能带主要是由 W 原子的 d 轨道贡献的，如图 6-3 所示。从图中可以看出，W 原子 d 轨道的投影能带又是主要由 d_{yz} 和 d_{z^2} 贡献的。

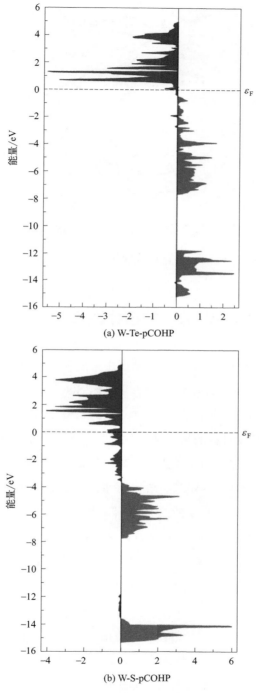

图 6-2　1T′-WSTe 的晶体轨道哈密顿投影图

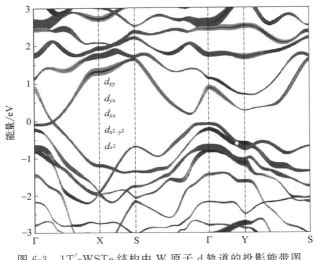

图 6-3　1T′-WSTe 结构中 W 原子 d 轨道的投影能带图

6.3.2　二维 1T′-WSTe 的拓扑性质

图 6-4 是 1T′-WSTe 的能带图，从图中可发现，价带顶和导带底位于 Γ-X 的高对称线上，全局带隙为 25meV。当考虑 SOC 后，自旋方向相反的能带互相劈裂并且它的带隙值非常接近于 0（大约 5.6meV）。当然，上述的带隙同样也存在于时间反演对称的另一高对称路径 Γ-X 上。能带的 Kramers 简并仍然发生在时间反演不变点上，包括 Γ、X、Y 和 S，如图 6-4(b) 所示。

为了进一步判断 1T′-WSTe 结构的拓扑性质，需要进行相应的拓扑性质计算。对于时间反演不变的二维材料，其拓扑性质仅由一个 Z_2 指标表征，对于中心反演对称性破缺的材料，这个指标通过 Wilisonloop 或瓦尼尔电荷中心方法[234,235]计算获得。在图 6-5(a) 中，计算在第一布里渊区沿 k_x 方向的瓦尼尔电荷演化过程。计算结果表明，瓦尼尔电荷中心通过设置的水平参考直线奇数次，这说明初始 1T′-WSTe 是 Z_2 为 1 的拓扑非平庸结构。为了进一步揭示 1T′-WSTe 结构的拓扑性质，我们也研究了一维的边界态和自旋极化边界态。结果显示在图 6-5(b) 和 (c) 中。计算结果表明，在 Γ-X 的高对称线上，自旋极化的非平庸边界态通过投影的体导带和价带相连。

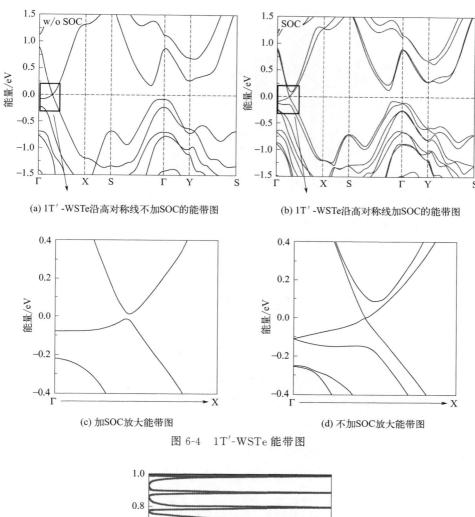

(a) 1T′-WSTe 沿高对称线不加 SOC 的能带图

(b) 1T′-WSTe 沿高对称线加 SOC 的能带图

(c) 加 SOC 放大能带图

(d) 不加 SOC 放大能带图

图 6-4 1T′-WSTe 能带图

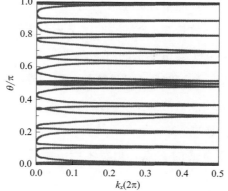

(a) 1T′-WSTe 在二维布里渊区沿 k_x 方向的电荷中心演化过程

图 6-5

第 6 章 二维 1T′-WSTe 中的拓扑相变

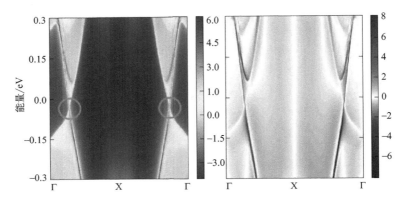

(b) 1T′-WSTe在SOC下的边界态密度　(c) 二维 1T′-WSTe 的自旋投影边界态密度

图 6-5　二维 1T′-WSTe 拓扑性质

6.3.3　二维 1T′-WSTe 导带和价带的有效模型

正如 Murakami[119] 提到的，拓扑相变必须伴随着带隙的关闭。如果体系具有中心反演对称，那么它的带隙关闭点必须出现在时间反演不变点上；如果体系的空间反演对称被破坏了，那么它的带隙关闭点一般不会出现在时间反演不变点上，即在中心反演不对称的系统中，带隙的关闭一般发生在普通的 k 点，即 $k \neq -k + G$，G 是倒格矢。而我们的 1T′-WSTe 结构是一个中心反演对称破缺的结构，能带计算也表明它是非简并的。因此，在这种情况下，有效哈密顿的余维数是 3。余维数的定义来自于一些特殊模型实现简并的调控参数的个数。它主要由体系的对称性和维数决定。对于二维体系而言，k 仅仅有 2 个波矢量 k_x 和 k_y。但是需要一个额外的参数 m 来确定拓扑的相变点。如果带隙关闭点恰巧发生在时间反演不变点上，有效模型的余维数是 5，大于可调控参数的个数。因此，这种情况几乎不可能发生，如果两条能带在倒空间相交于普通的 k 点，则费米能级附近的低能量能带可以用下面的有效哈密顿来描述：

$$H = m\boldsymbol{\sigma}_z + a_x(k_x - k_{0x})\boldsymbol{\sigma}_x + a_y(k_y - k_{0y})\boldsymbol{\sigma}_y \tag{6-1}$$

式中，$\boldsymbol{\sigma}_{x(y,z)}$ 是泡利矩阵；(k_x, k_y)，(k_{0x}, k_{0y}) 代表带隙闭合点的坐标

和偏离坐标的原点，对应于 1T'-WSTe 它们的值为 (0.4947, 0.0)；a_x 和 a_y 是圆锥体沿两个相互垂直方向的费米速度，它们的值分别是 $-1.2921\text{eV}\cdot\text{Å}$ 和 $0.4793\text{eV}\cdot\text{Å}$，表明这个锥上两个相互垂直方向上能带的各向异性特征；m 主要用于标记不同应变下局部带隙的大小。当 $m<0$ 或 $m>0$ 时，有效哈密顿是有带隙的。然而，它们在 1T'-WSTe 中代表不同的拓扑相变。通过 Moore 等人[236]的论据可知，这两个相可以通过同伦群来区分。当带隙关闭时（$m=0$），有一对涡流与反涡流分别位于两个零带隙的时间反演相对的 k 点上。如果 m 改变了符号，占据态的 Chern 数改变为 1，导致 Z_2 也为 1。对于二维初始的 1T'-WSTe 结构，我们发现它非常接近这个相变点。因此，选择一个可调节参数 m，拓扑相变可以很容易实现。由于单轴应变在实验中更容易实现，而且与双轴应变相比，它可以得到更明显的带隙（双轴应变的能带图如附录 D 中的图 D-4 所示），因此我们采取沿 a 方向的单轴应变作为有效模型的参数 m，如图 6-1(a) 中所示。应变的百分比定义为 $(L-L_0)/L_0$，L 和 L_0 分别是应变和非应变下单胞的晶格常数长度。

在 a 方向和 b 方向分别加入单轴应变后，计算它们的能带和 Z_2 指标。计算结果表明，在 a 方向的拉伸应变与 b 方向的压缩应变具有相同的拓扑性质——拓扑非平庸的绝缘体；在 a 方向的压缩应变与 b 方向的拉伸应变具有相同的拓扑性质。

因此，b 方向加应变后的拓扑性质与 a 方向的正好相反，所以选取 a 方向上加应变的情况进行拓扑相变的调控。在附录 D 的图 D-5 中分别给出了在 -4%、-2%、$+2\%$ 和 $+4\%$ 单轴应变下的能带结构图。比较不同应变下的能带结构，发现 m 的值等于 $8.5\text{meV}(-4\%)$、$5.0\text{meV}(-2\%)$、$9.4\text{meV}(2\%)$ 和 $12.3\text{meV}(4\%)$。为了观察拓扑平庸相和非平庸之间的差异，计算结果表明 4% 和 -4% 的局部带隙足够大。因此，选择这两种情况来揭示应变的作用效果。而且，根据附录 D 的图 D-6 中不同单轴应变下沿 a 轴和 b 轴的总能量，我们发现 $\pm 4\%$ 的应变在弹性范围限度内。Wilson loop 计算表明，4% 的结果是拓扑非平庸的，而 -4% 的结果是拓扑平庸的，如图 6-6(a) 和（b）所示。拓扑非等价相也可以通过边界态的局域密度来表示，如图 6-6(c) 和（d）所示。在 4% 的情况下出现非平庸的拓扑边界态通过投影的价带和导带相连接，而在 -4% 的情况下没有出现。因此，通过单轴应实现了拓扑相变的调控，从拓扑非平庸的绝缘体相（在 a

方向上拉伸应变的情况下）调控到拓扑平庸的绝缘体相（在 a 方向上压缩应变的情况下），或者从拓扑平庸的绝缘体相（在 a 方向上压缩应变的情况下）调控到拓扑非平庸的绝缘体相（在 a 方向上拉伸应变的情况下）。

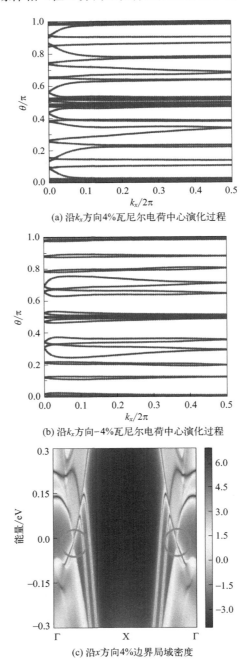

(a) 沿 k_x 方向4%瓦尼尔电荷中心演化过程

(b) 沿 k_x 方向-4%瓦尼尔电荷中心演化过程

(c) 沿 x 方向4%边界局域密度

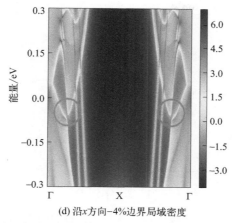

(d) 沿 x 方向 -4% 边界局域密度

图 6-6　1T′-WSTe 在二维布里渊区沿 k_x 方向在 4% 和 -4% 的应变下的瓦尼尔电荷中心演化过程与沿 x 方向在 4% 和 -4% 的应变下边界态的局域密度图

6.3.4　二维 1T′-WSTe 的压电效应

由于二维 1T′-WSTe 的空间群是 Pm（空间群号：6），属于极性非中心反演对称的空间群，具有压电效应。因此，采用密度泛函微扰理论（DFPT）的方法计算它的压电系数。首先，用 DFPT 方法计算了 h-BN 的和 MoS_2 的压电系数，计算结果列在了表 6-1 中。通过与表 6-1 中文献结果对比，显示实验结果与文献中 h-BN 和 MoS_2 的计算结果契合度很高，从而验证了计算参数设置和方法的合理性。然后，用 DFPT 方法计算了 1T′-WSTe 的压电系数，计算结果显示，它的面内弹性系数 C_{11}、C_{22} 和 C_{12} 分别是 113.15N/m、124.61N/m 和 28.83N/m，它的面内压电应力系数 e_{21} 和 e_{22} 分别是 $-10.22 \times 10^{-10} \text{C/m}$ 和 $-11.55 \times 10^{-10} \text{C/m}$。

表 6-1　1T′-WSTe 和文献中的材料计算的弹性系数 C_{ij}，压电系数 e_{ij} 和 d_{ij}

材料	C_{11}/(N/m)	C_{12}/(N/m)	C_{22}/(N/m)	e_{11}(e_{22})/(10^{-10} C/m)	e_{12}(e_{21})/(10^{-10} C/m)	e_{31}/(10^{-10} C/m)	e_{32}/(10^{-10} C/m)	d_{11}(d_{22})/(pm/V)	d_{12}(d_{21})/(pm/V)	d_{31}/(pm/V)	d_{32}/(pm/V)
WTe_2	85.18	29.44	117.95	—	—						
WSTe	113.15	28.83	124.61	−11.55	−10.22	−0.23	−0.29	−0.16	−7.09	−0.16	−0.20

续表

材料	C_{11}/(N/m)	C_{12}/(N/m)	C_{22}/(N/m)	e_{11}(e_{22})/(10^{-10} C/m)	e_{12}(e_{21})/(10^{-10} C/m)	e_{31}/(10^{-10} C/m)	e_{32}/(10^{-10} C/m)	d_{11}(d_{22})/(pm/V)	d_{12}(d_{21})/(pm/V)	d_{31}/(pm/V)	d_{32}/(pm/V)
h-BN	295.50	67.10	295.50	1.35	—	—	—	0.48	—	—	—
MoS_2	131.49	32.63	131.49	3.62	—	—	—	2.93	—	—	—
h-BN[19]	291	62	291	1.38	—	—	—	0.6	—	—	—
MoS_2[19,24]	130	32	130	3.64	—	—	—	3.73	—	—	—

相应的压电应变系数 d_{21} 和 d_{22} 分别是 -7.09 pm/V 和 -0.16 pm/V，也列在了表 6-1 中。新型二维 1T′-WSTe 结构的面内压电应力系数 e 比通过实验已成功制备的 h-BN 的和 MoS_2 相应的压电应力系数大一个数量级。由于二维 1T′-WSTe 的晶体中的镜面 m 垂直于 a 轴，所以在 a 方向上没有压电效应。而二维 1T′-WSTe 的晶体在 a 和 b 方向各向异性，所以它的面外压电系数不同。因此计算结果表明，它的面外压电应力系数 e_{31} 和 e_{32} 分别是 -0.23×10^{-10} C/m 和 -0.29×10^{-10} C/m，相应的面外压电应变系数 d_{31} 和 d_{32} 分别是 -0.16 pm/V 和 -0.20 pm/V。由于 1T′-WSTe 在平面内的边界上表现出拓扑边界态的性质，因此，可以用 1T′-WSTe 结构设计拓扑绝缘体压电晶体管，与王中林研究组的设计相类似[118]，如图 1-19 中所示的结构。同样，可以通过压电效应来调控量子接触点的宽窄。当没有压电效应的时候，量子接触点变宽，它是一个拓扑绝缘体相，有表面态，进而电流可以通过；当有压电效应的时候，量子接触点变窄，它是一个普通绝缘体，没有表面态，电流不能通过，导电通道关闭，继而实现了电流的开关状态。即通过压电效应来调控拓扑相变，实现电流的开关状态这种设计有望在实验中成为现实，将对未来下一代二维材料器件的发展起到重要作用。

6.4 结论

本章设计了一种新型的二维拓扑绝缘体材料：1T′-WSTe。拓扑 Z_2 指标、瓦尼尔电荷中心演化图、边界态和自旋极化的边界态的结果都表明，初始的 1T′-WSTe 结构是一种中心反演对称性破缺的拓扑绝缘体材料。此二维材料的低能电子结构非常接近于拓扑相变点，并且可以通过单轴应变调控它的拓扑相变，从拓扑非平庸的绝缘体相（在 a 方向上拉伸应变的情况下）调控到拓扑平庸的绝缘体相（在 a 方向上压缩应变的情况下），或者从拓扑平庸的绝缘体相（在 a 方向上压缩应变的情况下）调控到拓扑非平庸的绝缘体相（在 a 方向上拉伸应变的情况下）。期望能够通过检测到这种拓扑相变，制成拓扑绝缘体压电晶体管，利用压电效应代替应变来调控其拓扑相变。

第 7 章
有机无机杂化钙钛矿的铁电性

对于杂化钙钛矿中铁电序产生的恰当理论描述仍然是一个具有吸引力的议题，但也存在着激烈的争议。本章从第一性原理出发，对有机分子亚晶格与无机骨架之间的相互作用进行合理解释。通过对 NH_4PbI_3 体系进行研究，发现非极性八面体旋转在晶格稳定过程中占主导地位，且容差因子值较小。分子间的直接耦合可以忽略不计。借助无机笼的氢键作用，分子亚晶格最终会在无机笼的约束下建立远端铁电或反铁电序，并进一步极化无机框架作为反馈。这些结果也阐明了极性分子对构建铁电性有帮助，但不是关键。作为杂化有机-无机钙钛矿的一般性规则，明确其基本机制，被认为是控制功能材料中相关物理前进的关键一步。

7.1 引言

最近几年，有机-无机杂化钙钛矿是一种具有吸引力的材料，它形成了普遍的 ABX_3 钙钛矿亚类，其中 A 或者 X 点位被有机分子占据。自从甲胺碘化铅（$CH_3NH_3PbI_3$ 或 $MAPbI_3$）被认为是最有前途的光伏材料之一以来[237-249]，有机无-机杂化钙钛矿是否具有铁电性（FE）成为一个高度关注的领域，被认为是其效率良好的重要因素[250-256]。然而，尽管第一性原理结果表明它的四方相有利于 FE 态[253,257-259]，但在实验和理论上仍然存在大量的争论和争议结果[260-268]。例如，基于介电[269,270]、准弹性中子散射[271]和磁滞回线测量的铁电实验信号被报道[272,273]。此外，在 MAPbI$_3$ 的多晶薄膜中观察到了铁电/铁弹性畴[274-276]。但自发极化及其稳定性至今仍受到质疑，研究人员对其进行了大量讨论[262,277-280]。为了更好地阐明这一核心问题，不仅需要进一步的实验测量和更高的精度，而且需要对有机-无机杂化钙钛矿中 FE 行为的适当理论做进一步的理解[281,282]。

与传统的无机钙钛矿相比，有机-无机杂化钙钛矿中潜在的 FE 形成机制更为复杂。一方面，无机部分能够呈现典型的"位移"铁电体，它们的铁电性与离子位移有关，所有局域偶极子在整个晶体中形成长程有序，对应于相关极性声子模式的凝聚。另一方面，有机-无机杂化钙钛矿中的分子通常具有氢饱和结构，并通过氢键与无机框架连接。因此，它将引入类似于聚偏二氟乙烯中的"有序-无序"自由度[283]。在有机-无机杂化钙钛矿中，不仅需要单独考虑这两个自由度，而且需要将它们之间的相互作用作为有机-无机杂化钙钛矿的中心机制之一来考虑。因此，在有机-无机杂化钙钛矿中，对这一问题的基本规则进行了大量的探索[284-289]。

从群论的角度来看，在忽略局部相互作用的情况下，有机-无机杂化钙钛矿中分子的亚晶格可以被视为一个有效场，与母体无机 ABX$_3$ 钙钛矿相比，它引入了额外的对称性[290]。铁电序可以通过非本征的铁电机制来建立，借助铁电机制，可以很好地解释[NH$_4$]Cd(HCOO)$_3$[291]、[Gua]Cu(HCOO)$_3$[292-294]、[Trz]Mn(H$_2$PO$_2$)$_3$[295]等几种有机-无机杂化钙钛矿化合物中的铁电序。除了宏观方法外，一方面认为分子的极性对有机-无机杂化钙钛矿中反转对称性破缺的相关行为起着重要作用，如卤化物 MAPbI$_3$ 中的极性 MA$^+$ 分子[253,280,284,287]。另一方面，有趣的是，尽管 A 位分子是具有八极矩的非极性的分子[136]，卤化物 N(CH$_3$)$_4$SnI$_3$ 被预测具有 FE 基态。它呈现 R3m 极性基态，其行为与常规本征铁电性相似。所有这些研究强烈地表明，相应的全球图景尚未完成。

因 $t = (r_A + r_X)/\sqrt{2}(r_B + r_X)$[121]，式中，$r_A$、$r_B$ 和 r_X 分别为 A、B 和 X 原子的半径。我们认为，采用 Goldschmidt 初步提出的常规无机钙钛矿对 HOIP 中 FE 或非 FE 行为进行合理化处理。铁电或非极性抗铁畸变的

倾向可以通过 t 的值来估计。一般来说，$t=1$ 时，得到理想立方钙钛矿结构；当 $t>1$ 时，A 点位原子较大，系统容易发生畸变；当 $t<1$ 时，A 点位原子变小，有利于八面体旋转。令人惊讶的是，这一经验规律不仅适用于钙钛矿氧化物[296] 和卤化物钙钛矿[297,298]，而且可以有效地推广到有机-无机杂化钙钛矿。如前文所述，由于 A 位 $N(CH_3)_4$ 的有效半径较大，$N(CH_3)_4SnI_3$ 呈现 FE 基态，其容忍因子值较大（$t=1.13$）[136]。当 A 位的有效尺寸较大时，它表现得像无机离子。在这种情况下，与分子和离子的主导尺寸效应相比，分子和周围无机笼之间的氢键作用相对较弱。这些结果清楚地表明，当 $t>1$ 时，有机-无机杂化钙钛矿中的铁电性并不需要分子的极性。

从上述讨论来看，研究容忍因子值小的有机-无机杂化钙钛矿中会出现何种类型的附加行为很有必要。由于 A 位分子相对较小，因此在局部无机笼中有更多的自由运动空间。当分子与邻近的无机原子形成氢键时，它通常会从局部笼的几何中心移动远离中心，从而产生有效的局部偶极子。局域的稳定位点受到无机 BX_3 笼子形状的限制。这种局部偶极子也会使类似笼子的无机框架进一步极化。这种产生局域偶极子的起源不能保证，但可以预期在 $t<1$ 的有机-无机杂化钙钛矿中广泛存在。因此，晶格的排列顺序不仅取决于分子亚晶格的结构，还取决于它如何使无机框架极化。换句话说，由于存在非零局域的偶极子，因此，长程 FE 或 AFE 序取决于整个晶格的喜好。与传统的无机钙钛矿不同，这些机制结合了单个有机-无机杂化钙钛矿材料的有序-无序特征和离子的位移相变，此外，还提供了在钙钛矿中以小容忍因子建立长程 FE 或 AFE 序的机会。例如 $BaTiO_3$[237] 和 $SrTiO_3$[237]，同样适用于机卤化物钙钛矿化合物。

根据以上分析，在容忍因子较小的有机-无机杂化钙钛矿中构建 FE 序并不依赖于分子的极性。为了证实这一点，在这项工作中，选择非极性 NH_4^+ 分别取代其对应的 $CsPbI_3$ 和 $MAPbI_3$ 的 A 位原子和分子。NH_4^+（146）[299] 的有效半径小于 MA^+（217）[299] 和 Cs^+（178）[297]，表明 NH_4^+ 有小的容忍因子时（$t=0.76$）在无机笼中位移更"自由"。通过第一性原理计算发现，NH_4PbI_3 在中温范围内呈现正交基态和四方相，与 $MAPbI_3$ 和 $CsPbI_3$ 相似。由于 NH_4^+ 亚晶格与无机框架的相互作用，配合无机框架固有的晶格动力学性质，四方相表现为 FE 相，而正交相则表现为 AFE 相。除了对称性的争论之外，在描述 HOIP 行为的全局图中突出强调了氢键的重要性。

7.2 计算模型与方法

在研究中，用从头计算模拟软件包[167,168]执行密度泛函理论[300,301]的计算，其中，平面波基矢被用于扩展系统的波函数，截断能设置为 500eV。原子核与价电子之间的相互作用力通过投影增广波方法[201,302]来描述。通过广义梯度近似下的 PBEsol[202,303,304]形式来计算价电子间的相互作用。倒空间的布里渊区采用 $6\times6\times6$ 的 k 点单胞网格，超胞也采用同等的密度。晶体结构完全优化，直到每个原子上的残余力低于 10^{-3} eV/Å。通过 Phonopy 软件[208,209]模拟振动谱，并利用 VASP 软件计算原子间力来评估其动力学稳定性。宏观极化采用 Berry 相法计算[150,305]。为了研究不同相之间的反应路径，采用 CI-NEB 方法研究最小反应路径[306]。与范德瓦耳斯相互作用的近似[307]采用 D3 校正方法。

7.3 结果与讨论

7.3.1 NH_4PbI_3 立方相的结构和铁电性质

NH_4PbI_3 有一个典型的钙钛矿结构。如图 7-1 所示，NH_4 离子占据 A 点位并破坏了传统立方钙钛矿的对称性。在计算中，当 A、B 和 X 点位的原子位置预先固定在高对称位置时，该立方相的晶格常数为 6.199Å。其声子色散曲线显示出明显的结构不稳定性。除了铵离子自身的旋转外，布里渊区中心的离子极性运动和在边界的八面体旋转模式也是不稳定的（八面体旋转模式的特征向量见附录 E 第 I 部分的图 E-1）。当 NH_4 位点被优化时，该分子倾向于远离 PbI_3 无机框的几何中心，与相邻的 I 原子建立 3 个氢键。这种偏离中心的运动将产生局部偶极矢量。当所有 Pb 和 I 原子被人为固定在理想的高对称位置时，分子倾向于沿<100>和<111>方向运动，形成两个局域稳定的构型。这两个运动分别减少了 137meV 和 133meV 的总能量，在 (1×1×1) 的单胞中，同时形成氢键，如图 7-1 所示。正如表 7-1 中展示的，当所有原子位置被完全优化时，无机 PbI_3 框将通过额外减少约 60meV/f.u.❶的总能来进一步极化，转换极化方向且极化值为 $(11.6, 6.7, 0.0)\mu C/cm^2$。

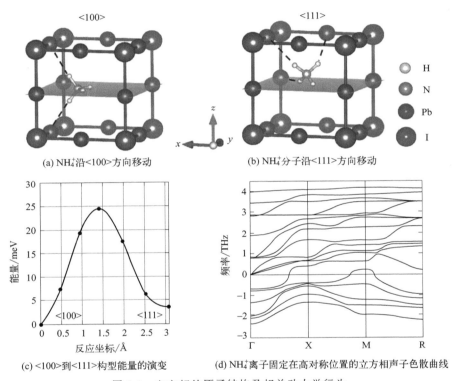

(a) NH_4^+沿<100>方向移动　　(b) NH_4^+分子沿<111>方向移动

(c) <100>到<111>构型能量的演变　　(d) NH_4^+离子固定在高对称位置的立方相声子色散曲线

图 7-1　立方相的原子结构及相关动力学行为

表 7-1　所选相和构型对应的能量和极化

类型	能量增益/(meV/f.u.)	局域偶极子方向	固定无机框架		弛豫无机框架	
			极化值/($\mu C/cm^2$)	额外的能量增益/(meV/f.u.)	极化值/($\mu C/cm^2$)	额外的能量增益/(meV/f.u.)
立方相	0	<100>	(10.4, 0.0, 0.0)	−137	(11.6, 6.7, 0.0)	−191
		<111>	(6.5, 6.5, 6.5)	−133	(11.6, 6.7, 0.0)	−192

---

❶　f.u. 为 formular unit 缩写，表示化学式单位。

续表

类型	能量增益/(meV/f.u.)		局域偶极子方向	固定无机框架		弛豫无机框架	
				极化值/(μC/cm²)	额外的能量增益/(meV/f.u.)	极化值/(μC/cm²)	额外的能量增益/(meV/f.u.)
四方相	−410	T1	<111>	(3.2,3.2,3.2)	−80	(4.4,4.4,4.4)	−109
		T2	<111>	(1.6,1.6,1.4)	−74	(1.5,3.2,2.0)	−106
		T3	<111>	(0.0,0.0,0.0)	−68	(0.0,0.0,0.0)	−106
		T4	<111>	(0.0,0.0,0.0)	−65	(0.0,0.0,0.0)	−101
		T5	<111>	(0.0,0.0,0.0)	−80	(0.0,0.0,0.0)	−91
正交相	−367		<110>	(0.0,0.0,0.0)	−226	(0.0,0.0,0.0)	−236

注：第6列和第8列的"额外的能力增益"是指以第2列的结构作为分子位移和极化的参照而得到的能量差值。

立方相比扭曲的四方相和正交相具有更高的能量，因此把立方相作为高温相。值得注意的是，根据立方对称性，在（1×1×1）的单胞中，根据第一性原理，有几个等效位点是 NH_4^+ 有利于与 PbI_3 无机框形成氢键的，分别为<100>方向的 6 个点位和<111>方向的 8 个点位。计算结果表明，每个位点之间的转换有小于 25meV 的能垒（通过 CI-NEB 方法获得），这个能垒在高温下很容易越过。计算得到单胞的铁电序表示整个晶格中每个单胞的局域偶极矩方向相同的长程铁电序。当我们引入（2×1×1）超胞，即两个相邻的极性相反的单胞来诱导反铁序，每个单胞将减少 21meV 的总能量。进一步的测试计算（见附录 E 的第Ⅱ部分）表明，两个相邻的局部偶极子之间的直接耦合非常弱，在立方相的有限温下很难建立长程有序。因此，在有限温下，立方相分子亚晶格的序不是稳定的理想相，而应视为各能量等效构型的动态平衡。在高温区，NH_4^+ 不会停留在某个确定位点，而是在各个局域稳定位点之间不断跳跃。虽然局域偶极矩不为零，但其热平均值估计为零。因此，整个立方相的晶格将处于完全无序的状态，而不稳定的长程铁电序或反铁电序是不可预测的。

7.3.2 NH_4PbI_3 四方相的结构和铁电性质

八面体旋转将显著降低 NH_4PbI_3 的总能量，其结构将过渡到四方相，反相位的旋转将出现在 $\sqrt{2}\times\sqrt{2}\times2$ 的超胞中，并呈现出 $a^-a^-c^-$ 的构型

（Glazer 符号[308]），晶格常数 $a=b=8.527$Å，$c=12.313$Å。由于八面体的容忍因子较小，在 x、y、z 方向上的旋转角度分别高达 10°、10°和 12°，与 $CsPbI_3$ 和 $MAPbI_3$ 中的旋转角度相当。在 $\sqrt{2}\times\sqrt{2}\times2$ 的超胞中，这种畸变不仅使总能量减少 1.642eV，而且强烈地改变了局部 PbI_3 笼的形状，从而重新评估了 NH_4^+ 分子的局部稳定位点。在 $a^-a^-c^-$ 型的畸变中，NH_4^+ 分子通过 3 个氢键与笼子相连，氢键的键长分别为 2.52Å、2.52Å 和 2.55Å，如图 7-2 中（b）（c）所示。与立方相下的笼子情况类似，分子的位置远离笼子的中心 0.66Å，沿<111>方向形成一个非零局域偶极子，偶极子的大小为 $5.4\mu C/m^2$。这种偏离中心的位移将使每个单分子的总能量减少约 77meV。单个的 PbI_3 笼子中，NH_4^+ 分子存在两个能量等效的局域稳定位点，分别沿局域无机框的对角线<111>方向和<$\bar{1}\bar{1}\bar{1}$>方向形成相反的局域偶极子。为了方便后续的讨论，将这两个位点分别在<111>方向和<$\bar{1}\bar{1}\bar{1}$>方向上标记为 T+ 和 T−。

如上所述，NH_4^+ 子晶格无机骨架极化的方式取决于这些局部偶极子的排列顺序。首先，检查有代表性 $\sqrt{2}\times\sqrt{2}\times2$ 超胞中 NH_4^+ 子晶格的偏好顺序，在中心对称 $a^-a^-c^-$ 构型中 PbI_3 没有任何额外的扭曲。如表 7-1 所示，总能量最有利的情况为 FE 态，标记为 T1，如图 4-3（a）所示，其中所有 NH_4^+ 分子的位移都沿<111>方向。这种局域偶极子的平行排列将使超胞中的总能量减少约 320meV（每个偶极子约 80meV）。还有另外 4 种非等价的构型如图 7-2(d) 所示，其中局域偶极子处于完全或部分反平行排列。与 FE 型相比，其余构型的能量值较高。进一步分析表明，只有沿<111>方向的反平行顺序的排列才能增加总能量，而沿<111>方向的每对反平行排列将增加 25~30meV 的能量（$\sqrt{2}\times\sqrt{2}\times2$ 超胞中评估）。因为 T5 中的反平行是沿<001>和<100>方向排列，这也可以解释 T5 构型与 FE 构型具有几乎相同的能量。除 T1、T2 及其等价构型也存在净极化。

尽管 FE 序的结构在这 5 种结构中能量最低，但它们的能量波动限制在 80meV 以下（在超胞中）。当无机离子 Pb 和 I 在这 5 种构型中被允许优化它们的原子位置时，无机骨架将发生极化，在超胞中总能量将进一步降低 110meV 以上。由于离子弛豫而获得的总能量变化如表 7-1 所示。同样，FE

的 T1 构型是能量最低、最稳定的构型。与分子亚晶格一致，无机笼子更倾向于沿<111>方向极化。T2 构型的总能量也低于完全反极性序构型的总能量。如图 7-2(d) 所示，要从极性 T1 相切换到非极性的 T3 或 T4 相，需要约 50meV 的能量。这正好对应于翻转一个局域偶极子方向的能量。因此，估计在有限温度下，四方相将呈现非零的净极化。

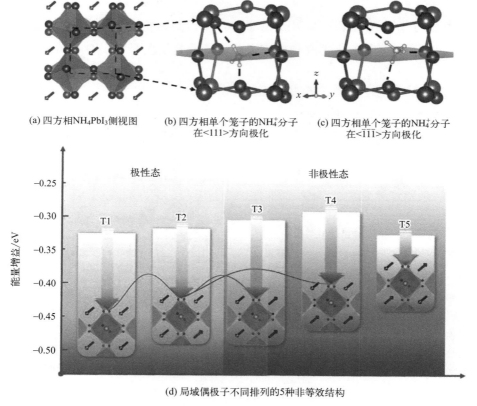

(a) 四方相NH_4PbI_3侧视图　(b) 四方相单个笼子的NH_4^+分子在<111>方向极化　(c) 四方相单个笼子的NH_4^+分子在<$\overline{111}$>方向极化

(d) 局域偶极子不同排列的5种非等效结构

图 7-2　四方相构型的原子的结构和能量景观图

虚线表示氢键，曲线表示两种所研究的构型之间的相变路径和相应的能垒，相应的能量减少用箭头表示，小箭头表示局域偶极子的不同排列方向。

7.3.3　NH_4PbI_3正交相的结构和铁电性质

与四方相中的反相位八面体旋转相似，同相旋转也使立方相的总能量减

少了 $1.466\mathrm{eV}$，在 $\sqrt{2}\times\sqrt{2}\times 2$ 超胞中，并使晶格变为 $a^-a^-c^+$ 相。该能量增益值小于四方相的能量增益值，是在仅考虑无机八面体的旋转，而分子人为地固定在高对称位的情况下得到的。PbI_3 八面体在 x、y、z 方向上的旋转角度分别高达 $10°$、$10°$、$12°$，晶格常数改变为 $a=8.396\text{Å}$，$b=8.401\text{Å}$，$c=12.216\text{Å}$。这种晶格畸变约束了 PbI_3 笼子中的局部原子环境，使 NH_4^+ 位置远离笼子的对称中心。如图 7-3 所示，NH_4^+ 的局域稳定位点在距离笼子中心约 0.63Å 处且远离笼子的中心，沿 <110> 方向局域笼子提供了 $5.2\mu C/m^2$ 的极化值。进一步研究表明，每个笼子中只有一个位置有利于 NH_4^+ 形成 3 个氢键，长度分别为 2.56Å、2.50Å 和 2.56Å。

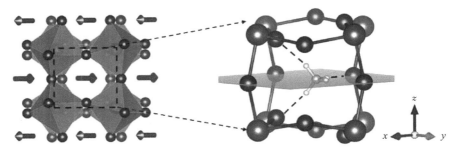

(a) 显示<110>方向极化的 NH_4PbI_3 正交相侧视图　　(b) <110>方向的正交相单个笼子中的 NH_4^+ 分子位于能量局域有利位点

图 7-3　正交相的原子结构

虚线表示氢键，箭头表示局域偶极子的排列方向。

分子的亚点阵在正交相中的排列倾向于 G 型反铁电序。如图 7-3(a) 所示，当选择 c 轴为面外方向时，所有的分子沿<110>方向形成面内 FE 序。所有的局域偶极子沿平面外方向形成反铁电序，分别沿 <110> 和 $<\bar{1}\bar{1}1>$ 方向排列。这种反铁电序分子亚点阵的形成完全取决于每个笼子中 NH_4^+ 分子的局域稳定位点，并且源于 $a^-b^-c^+$ 型八面体旋转的约束。与理想的 $a^-b^-c^+$ 相比，分子亚晶格的反铁电序将使总能量减少 $226\mathrm{meV/f.u.}$。与四方相的情况类似，NH_4^+ 偏离中心位点所形成的局域偶极子将进一步极化无机 PbI_3 框架，并且总能量降低 $10\mathrm{meV/f.u.}$。这些 Pb 和 I 原子的额外位移也形成了与分子子晶格一致的反铁序，并最终提供了晶格的全局基态。

7.3.4　NH_4PbI_3 结构铁电性的起源

上述结果表明，NH_4PbI_3 中的 FE 或 AFE 序既不是来自无机框架，也不是来自有机分子的亚晶格。一方面，与 $CsPbI_3$ 和 $MAPbI_3$ 类似，NH_4PbI_3 的无机骨架呈现 Pnma 基态，对应于较小的容忍因子。追溯到高对称立方相的声子色散曲线，八面体旋转在布里渊区边界表现出很强的晶格不稳定性。这些模式的凝聚在晶格中建立了周期性的非极性长程有序，并显著降低了总能量。八面体旋转抑制了声子不稳定性驱动的常规 FE 序。另一方面，由于有机分子间弱的邻近耦合作用，非极性 NH_4^+ 亚晶格的排列不能单独建立稳定的长程有序，特别是在有限温度下往往是完全无序的。

非零局域偶极子来源于各局域笼内 NH_4^+ 偏离中心的位移。分子能量的有利位点依赖于无机 PbI_3 笼的形状，它通过氢键来起作用，通常有几个确定的选择。这种局域偶极子的稳定性在很大程度上取决于无机笼的约束效应。例如，由于八面体的旋转作用，四方相中 NH_4^+ 的 T+位和 T−位要比立方相中稳定得多，无机局域笼将沿某些特定方向发生极化。由于有了长程有序的无机框架，通过约束分子的非零局域偶极子的排列，可以在晶格中建立相对稳定的长程 FE 或 AFE 序。无机框架的偏好最终主导了整个晶格的 FE 或 AFE 序。例如，如图 7-2(d) 所示，尽管分子排列的 T1 和 T5 构型具有相似的能量增益，但 $a^-a^-c^-$ 型八面体旋转倾向于 FE 型极化而不是 AFE 型极化。因此，T1 的无机原子位移所带来的额外能量增益远大于 T5。

根据上面的分析，在有机-无机杂化钙钛矿材料中的 FE 相不依赖于 A 位点分子的极性。与已发表的文献一致，有机-无机杂化钙钛矿中 A 位点的极性分子不是至关重要的，但有助于支持 FE 相的存在，进一步稳定极性秩序。这是有机-无机杂化钙钛矿材料的一个相当普遍的机制，因为氢键效应广泛存在于这类材料中。例如，它与 $MAPbI_3$ 的情况符合得很好，这与之前的几个文献结果一致[265,293]。此外，我们对 $CsPbI_3$ 的四方结构和 NH_4PbI_3 偶极子的层间分子相互作用的进一步研究见附录 E 的第Ⅲ部分和第Ⅳ部分，进一步证实了氢键是局部偶极子的起源。根据氢键的固有性质，容忍因子小的有机-无机杂化钙钛矿中的 FE 或 AFE 序在高温下可能不稳定，因为氢键容易断裂，使亚晶格切换到无序状态。我们还可以估计，它将更容易使分子亚晶格甚至整个有机-无机杂化钙钛矿的晶格极化，这有利于相关的应用。实际上，由于较小的容忍因子，目前还没有在实验上观察到 NH_4PbI_3 稳定的钙钛矿结构。其 A 位点 NH_4^+ 分子的非极性特征就是一个很好的例子，至少可以作为一个有代表性的理论模型来避免分子的固有极性。

7.4 结论

本章通过展示有机无机钙钛矿 NH_4PbI_3 非极性 A 位点分子的 FE 和 AFE 相，阐明了有机分子和无机晶格框架之间的氢键微妙而至关重要的作用。研究结果证实了长程周期性声子模式的凝聚主导了晶格畸变，并强烈约束了 PbI_3 的局域框架。从而通过氢键的优化确定有机分子的局部稳定位点，建立 A 位点分子子晶格的长程有序。偏离中心位移的分子引入的局域偶极子将进一步使晶格极化，产生晶格的基态，并使无机框架偏向 FE 或 AFE 畸变。正如我们所讨论的，所提出的机制不仅可以很好地用于所研究的 NH_4PbI_3，而且与类似的 $MAPbI_3$ 的情况也相符合。因此，有机亚晶格与无机框架之间通过氢键作为介质相互作用的一般机理是建立在超越对称性论点基础之上的，可以推广到更广泛的有机-无机材料领域。

第 8 章

总结与展望

8.1 总结

本书基于第一性原理方法，采用 VASP 软件包系统地研究了新型二维材料黑磷烯及其他的同素异构体在表面氧化和 TlP 氢化后的结构稳定性和电子性质，采用 Berry phase 和密度泛函微扰理论方法研究了压电性质，采用 VASP 软件包研究了新型二维 1T′-WSTe 的拓扑相关的性质，得出如下结论。

① 对黑磷烯进行表面全氧化，氧化后有 2 种新结构：一种在氧化后不发生变形，与黑磷烯的空间群保持一致，不存在压电效应；另一种发生了扭曲变形，晶体结构变成了非中心反演对称的极性空间群，具有了压电效应。通过声子谱的计算结果，表明黑磷烯氧化变形（$Pmn2_1$-PO）后的结构是动力学稳定的。首先，通过 DFT-PBE 方法计算了电子能带，结果表明 $Pmn2_1$-PO 是直接带隙的半导体，带隙值为 0.582eV。由于它是非中心反演对称的电介质材料，因此是具有压电效应的二维压电材料。利用 Berry phase 的方法计算了压电性质，结果表明 $Pmn2_1$-PO 是一种很好的二维压电材料。而且 $Pmn2_1$-PO 的压电应变系数 d_{11} 和 d_{12} 分别是 88.54pm/V 和 -1.94pm/V，可与第Ⅳ主族硫化物的压电系数相媲美，比通过实验已制备的 h-BN 和 MoS_2 的压电系数更大。随后又研究了 $Pmn2_1$-PO 的平均平面静电势，验证了 $Pmn2_1$-PO 结构中存在很强的压电极化场。最后，分析了它们的光学性质，计算了黑磷烯和 $Pmn2_1$-PO 介电曲线的光吸收系数，发现

在 x、y 和 z 三个方向上,黑磷烯氧化后形成 $Pmn2_1$-PO 结构,使得它在可见光范围内对光的吸收系数都相应增大。

② 考虑到磷烯存在多种不同构型的同素异构体,除了黑磷烯外对其他 5 种同素异构体分别进行了表面全氧化,氧化后发现 chair 构型的磷烯没有发生明显变形,也没有破坏中心反演对称性,因此它的结构不具有压电效应;而 boat-1 和 tricycle 构型的磷烯氧化变形后它们的体系不稳定,因此,氧化后的结构发生变形的只有 boat-2 和 twist-boat 构型的磷烯。接下来计算了 6 种磷烯异构体和 3 种氧化变形磷烯的形成焓,发现氧化变形后 twist-boat 构型($Pca2_1$-PO)的形成焓最低,即它的稳定性最好。对 $Pca2_1$-PO 结构进行相应的性质研究,计算的声子谱表明它的结构具有动力学稳定性。用 DFT-PBE 方法计算了它的电子能带,表明它是间接带隙的半导体,带隙值为 0.607eV。由于它也具有满足压电材料的条件,进一步研究它的压电性质。利用 Berry phase 的方法计算它的压电系数,结果显示压电应变系数 d_{12} 是 50.32pm/V,比实验上已制备的 h-BN 和 MoS_2 的压电系数都大,而且它在 x 和 y 方向都具有压电效应,这是其他二维压电材料目前所不具备的。最后,分析了它们的光学性质,计算了 twist-boat 构型磷烯和 $Pca2_1$-PO 介电曲线的光吸收系数,发现在 x、y 和 z 三个方向上,twist-boat 构型磷烯氧化后的 $Pca2_1$-PO 结构在可见光范围内对光的吸收系数均相应增大。

③ 鉴于目前多数二维压电材料的压电系数不够理想,研究者一方面希望找到具有更大面内压电系数的二维压电材料,另一方面也在寻找面外压电系数更大的二维压电材料。$TlPH_2$ 作为一种新结构,它的面外压电效应比目前的二维压电材料的面外压电效应都大。首先,研究发现初始的二维 TlP 结构具有压电效应,而且也具有面外压电的性质,由计算结果可知,面内和面外的压电系数都不是很理想。随后,对它进行了化学修饰,即加氢氢化。对 $TlPH_2$ 进行了相应的动力学和热力学的评估,计算结果表明它具有稳定性。接下来用 DFT-PBE 方法计算了它的电子能带,结果表明它是间接带隙的半导体,带隙值是 0.801eV。用 Berry phase 方法研究了它的压电性质,压电应变系数 d_{11} 和 d_{31} 分别是 24.65pm/V 和 −3.81pm/V,面内压电效应比 h-BN 和 MoS_2 的大一个数量级,是目前发现的最大值。因此,氢化后的结构 $TlPH_2$ 表现出了比 TlP 更优异的压电效应。最后,分析了它们的光

学性质，计算了 TlP 和 TlPH$_2$ 介电曲线的光吸收系数，发现在 x、y 和 z 三个方向上，氢化后的 TlPH$_2$ 在可见光范围内对光的吸收系数均相应减弱。

④ 基于第一性原理，研究了新型的二维 1T'-WSTe 结构。通过实验用二维 MoS$_2$ 已成功制备出 MoSSe 结构，对二维 1T'-WTe$_2$ 的结构用 S 原子替换其中的一层 Te 原子，得到 1T'-WSTe 结构，预测了一种新型的二维绝缘体材料。首先对它进行结构稳定性的判断，通过声子谱、吉布斯自由能和从头计算的分子动力学可知，它的结构是可以稳定存在的。随后，计算了它的电子能带，加入 SOC 后发现能带劈裂且带隙接近零，进一步的 Z_2 指标计算结果表明，它是一种拓扑绝缘体材料。基于 Shuichi Murakami 的相变理论方法，通过一个参数 m 用单轴应变的方式来调控 1T'-WSTe 相变。单轴应变通过拉伸或者压缩应变来调节它变为较大带隙的拓扑绝缘体相（4%）或者是普通的绝缘体相（-4%）。最后，研究压电性质，采用密度泛函微扰理论（DFPT）的方法计算了它的压电效应，发现它的面内压电系数 e 值与 h-BN 和 MoS$_2$ 的值基本相当，而且还具有相应的面外压电效应。

8.2 展望

本书对二维 Pmn2$_1$-PO、Pca2$_1$-PO 和 TlPH$_2$ 的结构、光学性质和压电性质进行了相应的研究。对前面的工作做了总结，虽然它们的压电效应和光学性质都有所改善，但这些成果尚未在实验上得到证实。也对二维 1T'-WSTe 的拓扑性质、拓扑相变和压电性质进行了相应的研究，得到一些有意义的成果，相信会在后续的研究中取得进展。同时，受限于自身的理论知识储备和有限的时间，目前的工作还不够系统。在未来的研究中，我们可能会从以下几个方面进行更深入的研究。

① 可以对这几种磷烯的同素异构体吸附不同种类的原子，筛选出结构稳定的同素异构体，进一步筛选出没有中心反演对称性的晶体结构，着重对它们进行压电效应的研究。然后，对所有稳定结构的新型二维材料进行拓扑性质和光学性质的研究，找出压电效应、光学性质和拓扑等性质比较突出的新结构。

② 上述工作均考虑吸附化学计量比为 1∶1 的同一种原子,之后也可以在这几种磷烯的同素异构体上吸附两种或多种原子,或者同一种原子按照不同化学计量比来进行吸附,然后再进行相应的压电效应、光学性质和拓扑性质的研究。

③ 目前尚未探寻所研究压电效应的起源,如二维压电材料在何种情况下会具有更大的压电效应,它与哪些因素相关,又是如何发挥作用的。了解这一机理有助于更好地设计出具有大压电效应的二维压电材料。

④ 目前的工作仅考虑了二维材料的拓扑性质或者压电效应,没有具体考虑二维拓扑绝缘体中的压电效应,因此接下来的工作可以在拓扑绝缘体中寻找具有压电效应的材料,可以利用材料的本征压电效应来调控拓扑绝缘体中的拓扑相变,为实现拓扑绝缘体压电晶体管的突破助力。

⑤ 在三维有机-无机杂化钙钛矿铁电机制的研究中,研究无极性的有机氨根离子(NH_4^+)在无机框架下铁电极化的产生机制。由于氨根离子的离子半径比大多数有机分子的离子半径都要小,与钾离子的半径相当,在 $NH_4 PbI_3$ 中它的容忍因子 $t<0.8$,因此氨根离子在无机框架里面可以自由移动。通过氢键与无机框架 PbI_3 产生相互作用。在四方相下,对于不同位置和方向的氨根离子与无机框架的相互作用,研究氨根离子与无机框架成氢键的关系,即四方相下铁电序和反铁电序的竞争关系,研究 $NH_4 PbI_3$ 中铁电极化的来源是无机框架的位移极化还是无极性氨根离子的氢键作用,解决目前有机无机杂化钙钛矿中极化来源的争议问题。

参考文献

[1] Novoselov K S, Geim A K, Morozov S V, et al. Electric field effect in atomically thin carbon films [J]. Science, 2004, 306: 666-669.

[2] Wu W, Wang L, Li Y, et al. Piezoelectricity of single-atomic-layer MoS$_2$ for energy conversion and piezotronics [J]. Nature, 2014, 514 (7523): 470-474.

[3] Wu W, Wang L, Yu R, et al. Piezophototronic Effect in Single-Atomic-Layer MoS$_2$ for Strain-Gated Flexible Optoelectronics [J]. Advanced Materials, 2016, 28 (38): 8463-8468.

[4] Liu H, Neal A T, Zhu Z, et al. Phosphorene: an unexplored 2D semiconductor with a high hole mobility [J]. ACS Nano, 2014, 8 (4): 4033-4041.

[5] Zhu Z, Tománek D. Semiconducting layered blue phosphorus: a computational study [J]. Physical Review Letters, 2014, 112 (17): 176802.

[6] Guan J, Zhu Z, Tománek D. Tiling phosphorene [J]. ACS Nano, 2014, 8 (12): 12763-12768.

[7] Guan J, Zhu Z, Tománek D. Phase coexistence and metal-insulator transition in few-layer phosphorene: a computational study [J]. Physical Review Letters, 2014, 113 (4): 046804.

[8] Wang G, Pandey R, Karna S P. Phosphorene oxide: stability and electronic properties of a novel two-dimensional material [J]. Nanoscale, 2015, 7 (2): 524-531.

[9] Zhao T, He C Y, Ma S Y, et al. A new phase of phosphorus: the missed tricycle type red phosphorene [J]. Journal of Physics: Condensed Matter, 2015, 27 (26): 265301.

[10] Lu A Y, Zhu H, Xiao J, et al. Janus monolayers of transition metal dichalcogenides [J]. Nature Nanotechnology, 2017, 12 (8): 744-749.

[11] Zhang J, Jia S, Kholmanov I, et al. Janus monolayer transition-metal dichalcogenides [J]. ACS Nano, 2017, 11 (8): 8192-8198.

[12] Zhang H. Ultrathin two-dimensional nanomaterials [J]. ACS Nano, 2015, 9 (10): 9451-9469.

[13] 郭鹏翔. 高频响电荷放大级的研究 [D]. 太原: 中北大学, 2012.

[14] Woldemar V. Lehrbuch der Kristallphysik [M]. Berlin, Stuttgart: B. G. Teubner, 1910.

[15] 朱建国,孙小松,李卫. 电子与光电子材料 [M]. 北京:国防工业出版社,2007.

[16] Wang Z L. Piezopotential gated nanowire devices:Piezotronics and piezo-phototronics [J]. Nano Today,2010,5(6):540-552.

[17] Wang Z L. The new field of nanopiezotronics [J]. Materials Today,2007,10(5):20-28.

[18] Wang Z L. Progress in piezotronics and piezo-phototronics [J]. Advanced Materials,2012,24(34):4632-4646.

[19] Duerloo K A N,Ong M T,Reed E J. Intrinsic piezoelectricity in two-dimensional materials [J]. The Journal of Physical Chemistry Letters,2012,3(19):2871-2876.

[20] Chandratre S,Sharma P. Coaxing graphene to be piezoelectric [J]. Applied Physics Letters,2012,100(2):023114.

[21] Ong M T,Reed E J. Engineered piezoelectricity in graphene [J]. ACS Nano,2012,6(2):1387-1394.

[22] Ong M T,Duerloo K A N,Reed E J. The effect of hydrogen and fluorine coadsorption on the piezoelectric properties of graphene [J]. The Journal of Physical Chemistry C,2013,117(7):3615-3620.

[23] Noor-A-Alam M,Kim H J,Shin Y H. Dipolar polarization and piezoelectricity of a hexagonal boron nitride sheet decorated with hydrogen and fluorine [J]. Physical Chemistry Chemical Physics,2014,16(14):6575-6582.

[24] Fei R,Li W,Li J,et al. Giant piezoelectricity of monolayer group Ⅳ monochalcogenides:SnSe,SnS,GeSe,and GeS [J]. Applied Physics Letters,2015,107(17):173104.

[25] Alyörük M M,Aierken Y,Çakır D,et al. Promising piezoelectric performance of single layer transition-metal dichalcogenides and dioxides [J]. Journal Physical Chemistry C,2015,119(40):23231-23237.

[26] Gao R,Gao Y. Piezoelectricity in two-dimensional group Ⅲ-V buckled honeycomb monolayers [J]. Physica Status Solidi(RRL)-Rapid Research Letters,2017,11(3):1600412.

[27] Guo Y,Zhou S,Bai Y,et al. Enhanced piezoelectric effect in Janus group-Ⅲ chalcogenide monolayers [J]. Applied Physics Letters,2017,110(16):163102.

[28] Jia H J, Mu H M, Li J P, et al. Piezoelectric and polarized enhancement by hydrofluorination of penta-graphene [J]. Physical Chemistry Chemical Physics, 2018, 20 (41): 26288-26296.

[29] Michael G, Hu G, Zheng D, et al. Piezo-phototronic solar cell based on 2D monochalcogenides materials [J]. Journal of Physics D: Applied Physics, 2019, 52 (20): 204001.

[30] Dai M, Chen H, Wang F, et al. Robust Piezo-Phototronic Effect in Multilayer γ-InSe for High-Performance Self-Powered Flexible Photodetectors [J]. ACS Nano, 2019, 13 (6): 7291-7299.

[31] Cai H, Guo Y, Gao H, et al. Tribo-piezoelectricity in Janus transition metal dichalcogenide bilayers: A first-principles study [J]. Nano Energy, 2019, 56: 33-39.

[32] Fan F R, Tian Z Q, Wang Z L. Flexible triboelectric generator [J]. Nano Energy, 2012, 1 (2): 328-334.

[33] Fan F R, Lin L, Zhu G, et al. Transparent triboelectric nanogenerators and self-powered pressure sensors based on micropatterned plastic films [J]. Nano Letters, 2012, 12 (6): 3109-3114.

[34] Wang S, Lin L, Wang Z L. Nanoscale triboelectric-effect-enabled energy conversion for sustainably powering portable electronics [J]. Nano Letters, 2012, 12 (12): 6339-6346.

[35] Zhu G, Pan C, Guo W, et al. Triboelectric-generator-driven pulse electrodeposition for micropatterning [J]. Nano Letters, 2012, 12 (9): 4960-4965.

[36] Niu S, Wang S, Lin L, et al. Theoretical study of contact-mode triboelectric nanogenerators as an effective power source [J]. Energy & Environmental Science, 2013, 6 (12): 3576-3583.

[37] Zhu G, Lin Z H, Jing Q, et al. Toward large-scale energy harvesting by a nanoparticle-enhanced triboelectric nanogenerator [J]. Nano Letters, 2013, 13 (2): 847-853.

[38] Zhu G, Chen J, Liu Y, et al. Linear-grating triboelectric generator based on sliding electrification [J]. Nano Letters, 2013, 13 (5): 2282-2289.

[39] Lin Z H, Xie Y, Yang Y, et al. Enhanced triboelectric nanogenerators and triboelectric nanosensor using chemically modified TiO_2 nanomaterials [J]. ACS Nano, 2013, 7 (5): 4554-4560.

[40] Bai P, Zhu G, Liu Y, et al. Cylindrical rotating triboelectric nanogenerator [J]. ACS Nano, 2013, 7 (7): 6361-6366.

[41] Wang Z L. Triboelectric nanogenerators as new energy technology for self-powered systems and as active mechanical and chemical sensors [J]. ACS Nano, 2013, 7 (11): 9533-9557.

[42] Niu S, Liu Y, Wang S, et al. Theory of sliding-mode triboelectric nanogenerators [J]. Advanced Materials, 2013, 25 (43): 6184-6193.

[43] Zhu G, Chen J, Zhang T, et al. Radial-arrayed rotary electrification for high performance triboelectric generator [J]. Nature Communications, 2014, 5: 3426.

[44] Kim S, Gupta M K, Lee K Y, et al. Transparent flexible graphene triboelectric nanogenerators [J]. Advanced Materials, 2014, 26 (23): 3918-3925.

[45] Lee K Y, Chun J, Lee J H, et al. Hydrophobic sponge structure-based triboelectric nanogenerator [J]. Advanced Materials, 2014, 26 (29): 5037-5042.

[46] Niu S, Wang Z L. Theoretical systems of triboelectric nanogenerators [J]. Nano Energy, 2015, 14: 161-192.

[47] Wang S, Lin L, Wang Z L. Triboelectric nanogenerators as self-powered active sensors [J]. Nano Energy, 2015, 11: 436-462.

[48] Seung W, Gupta M K, Lee K Y, et al. Nanopatterned textile-based wearable triboelectric nanogenerator [J]. ACS Nano, 2015, 9 (4): 3501-3509.

[49] Wang Z L, Chen J, Lin L. Progress in triboelectric nanogenerators as a new energy technology and self-powered sensors [J]. Energy & Environmental Science, 2015, 8 (8): 2250-2282.

[50] Wang Z L, Lin L, Chen J, et al. Triboelectric nanogenerators [M]. Berlin: Springer International Publishing, 2016.

[51] Wang Z L, Jiang T, Xu L. Toward the blue energy dream by triboelectric nanogenerator networks [J]. Nano Energy, 2017, 39: 9-23.

[52] Pu X, Liu M, Chen X, et al. Ultrastretchable, transparent triboelectric nanogenerator as electronic skin for biomechanical energy harvesting and tactile sensing [J]. Science Advances, 2017, 3 (5): e1700015.

[53] Chen B, Yang Y, Wang Z L. Scavenging wind energy by triboelectric nanogenerators [J]. Advanced Energy Materials, 2018, 8 (10): 1702649.

[54] Guo H, Pu X, Chen J, et al. A highly sensitive, self-powered triboelectric audito-

ry sensor for social robotics and hearing aids [J]. Science Robotics, 2018, 3 (20): eaat2516.

[55] Wu C, Wang A C, Ding W, et al. Triboelectric nanogenerator: a foundation of the energy for the new era [J]. Advanced Energy Materials, 2019, 9 (1): 1802906.

[56] Zou H, Zhang Y, Guo L, et al. Quantifying the triboelectric series [J]. Nature Communications, 2019, 10 (1): 1-9.

[57] Liu Z, Li H, Shi B, et al. Wearable and implantable triboelectric nanogenerators [J]. Advanced Functional Materials, 2019, 29 (20): 1808820.

[58] Yang F, Guo J, Zhao L, et al. Tuning oxygen vacancies and improving UV sensing of ZnO nanowire by micro-plasma powered by a triboelectric nanogenerator [J]. Nano Energy, 2020, 67: 104210.

[59] Dong K, Peng X, Wang Z L. Fiber/fabric-based piezoelectric and triboelectric nanogenerators for flexible/stretchable and wearable electronics and artificial intelligence [J]. Advanced Materials, 2020, 32 (5): 1902549.

[60] Tao K, Yi H, Yang Y, et al. Origami-inspired electret-based triboelectric generator for biomechanical and ocean wave energy harvesting [J]. Nano Energy, 2020, 67: 104197.

[61] Gao P X, Song J, Liu J, et al. Nanowire piezoelectric nanogenerators on plastic substrates as flexible power sources for nanodevices [J]. Advanced Materials, 2007, 19 (1): 67-72.

[62] Lin Y F, Song J, Ding Y, et al. Piezoelectric nanogenerator using CdS nanowires [J]. Applied Physics Letters, 2008, 92 (2): 022105.

[63] Xi Y, Song J, Xu S, et al. Growth of ZnO nanotube arrays and nanotube based piezoelectric nanogenerators [J]. Journal of Materials Chemistry, 2009, 19 (48): 9260-9264.

[64] Shao Z, Wen L, Wu D, et al. Pt/ZnO Schottky nano-contact for piezoelectric nanogenerator [J]. Physica E: Low-dimensional Systems and Nanostructures, 2010, 43 (1): 173-175.

[65] Kumar B, Lee K Y, Park H K, et al. Controlled growth of semiconducting nanowire, nanowall, and hybrid nanostructures on graphene for piezoelectric nanogenerators [J]. Acs Nano, 2011, 5 (5): 4197-4204.

[66] Qiu Y, Zhang H, Hu L, et al. Flexible piezoelectric nanogenerators based on ZnO

nanorods grown on common paper substrates [J]. Nanoscale, 2012, 4 (20): 6568-6573.

[67] Ciofani G, Menciassi A. Piezoelectric nanomaterials for biomedical applications [M]. Berlin: Springer, 2012.

[68] Lee J H, Lee K Y, Kumar B, et al. Highly sensitive stretchable transparent piezoelectric nanogenerators [J]. Energy & Environmental Science, 2013, 6 (1): 169-175.

[69] Hinchet R, Lee S, Ardila G, et al. Performance optimization of vertical nanowire-based piezoelectric nanogenerators [J]. Advanced Functional Materials, 2014, 24 (7): 971-977.

[70] Hu Y, Wang Z L. Recent progress in piezoelectric nanogenerators as a sustainable power source in self-powered systems and active sensors [J]. Nano Energy, 2015, 14: 3-14.

[71] Lu S, Liao Q, Qi J, et al. The enhanced performance of piezoelectric nanogenerator via suppressing screening effect with Au particles/ZnO nanoarrays Schottky junction [J]. Nano Research, 2016, 9 (2): 372-379.

[72] Zheng Q, Zhang H, Mi H, et al. High-performance flexible piezoelectric nanogenerators consisting of porous cellulose nanofibril (CNF) /poly (dimethylsiloxane) (PDMS) aerogel films [J]. Nano Energy, 2016, 26: 504-512.

[73] Zhou Y, Liu W, Huang X, et al. Theoretical study on two-dimensional MoS_2 piezoelectric nanogenerators [J]. Nano Research, 2016, 9 (3): 800-807.

[74] Yan J, Jeong Y G. High performance flexible piezoelectric nanogenerators based on $BaTiO_3$ nanofibers in different alignment modes [J]. ACS Applied Materials & Interfaces, 2016, 8 (24): 15700-15709.

[75] Nour E S, Nur O, Willander M. Zinc oxide piezoelectric nano-generators for low frequency applications [J]. Semiconductor Science and Technology, 2017, 32 (6): 064005.

[76] Ding R, Zhang X, Chen G, et al. High-performance piezoelectric nanogenerators composed of formamidinium lead halide perovskite nanoparticles and poly (vinylidene fluoride) [J]. Nano Energy, 2017, 37: 126-135.

[77] Lee J H, Park J Y, Cho E B, et al. Reliable piezoelectricity in bilayer WSe_2 for piezoelectric nanogenerators [J]. Advanced Materials, 2017, 29 (29): 1606667.

[78] Chen X, Li X, Shao J, et al. High-performance piezoelectric nanogenerators with imprinted P (VDF-TrFE) /BaTiO$_3$ nanocomposite micropillars for self-powered flexible sensors [J]. Small, 2017, 13 (23): 1604245.

[79] Dudem B, Kim D H, Bharat L K, et al. Highly-flexible piezoelectric nanogenerators with silver nanowires and barium titanate embedded composite films for mechanical energy harvesting [J]. Applied Energy, 2018, 230: 865-874.

[80] Dahiya A S, Morini F, Boubenia S, et al. Organic/Inorganic Hybrid Stretchable Piezoelectric Nanogenerators for Self-Powered Wearable Electronics [J]. Advanced Materials Technologies, 2018, 3 (2): 1700249.

[81] Lee E J, Kim T Y, Kim S W, et al. High-performance piezoelectric nanogenerators based on chemically-reinforced composites [J]. Energy & Environmental Science, 2018, 11 (6): 1425-1430.

[82] Parangusan H, Ponnamma D, Al-Maadeed M A A. Stretchable electrospun PVDF-HFP/Co-ZnO nanofibers as piezoelectric nanogenerators [J]. Scientific Reports, 2018, 8 (1): 1-11.

[83] Yan J, Liu M, Jeong Y G, et al. Performance enhancements in poly (vinylidene fluoride) -based piezoelectric nanogenerators for efficient energy harvesting [J]. Nano Energy, 2019, 56: 662-692.

[84] Yuan H, Lei T, Qin Y, et al. Flexible electronic skins based on piezoelectric nanogenerators and piezotronics [J]. Nano Energy, 2019, 59: 84-90.

[85] Hu D, Yao M, Fan Y, et al. Strategies to achieve high performance piezoelectric nanogenerators [J]. Nano Energy, 2019, 55: 288-304.

[86] Shi K, Huang X, Sun B, et al. Cellulose/BaTiO$_3$ aerogel paper based flexible piezoelectric nanogenerators and the electric coupling with triboelectricity [J]. Nano Energy, 2019, 57: 450-458.

[87] Wang Z L. On the first principle theory of nanogenerators from Maxwell's equations [J]. Nano Energy, 2020, 68: 104272.

[88] Guan X, Xu B, Gong J. Hierarchically architected polydopamine modified BaTiO$_3$ @P (VDF-TrFE) nanocomposite fiber mats for flexible piezoelectric nanogenerators and self-powered sensors [J]. Nano Energy, 2020, 70: 104516.

[89] He P, Chen W, Li J, et al. Keggin and Dawson polyoxometalates as electrodes for flexible and transparent piezoelectric nanogenerators to efficiently utilize mechanical

energy in the environment [J]. Science Bulletin, 2020, 65 (1): 35-44.

[90] Jin C, Hao N, Xu Z, et al. Flexible piezoelectric nanogenerators using metal-doped ZnO-PVDF films [J]. Sensors and Actuators A: Physical, 2020, 305: 111912.

[91] Lee G H, Cooper R C, An S J, et al. High-strength chemical-vapor-deposited graphene and grain boundaries [J]. Science, 2013, 340 (6136): 1073-1076.

[92] Lee C, Wei X, Kysar J W, et al. Measurement of the elastic properties and intrinsic strength of monolayer graphene [J]. Science, 2008, 321 (5887): 385-388.

[93] Bertolazzi S, Brivio J, Kis A. Stretching and breaking of ultrathin MoS_2 [J]. ACS Nano, 2011, 5 (12): 9703-9709.

[94] Kane C L, Mele E J. Quantum spin Hall effect in graphene [J]. Physical Review Letters, 2005, 95 (22): 226801.

[95] Murakami S, Nagaosa N, Zhang S C. Dissipationless quantum spin current at room temperature [J]. Science, 2003, 301 (5638): 1348-1351.

[96] Qi X L, Zhang S C. Topological insulators and superconductors [J]. Reviews of Modern Physics, 2011, 83 (4): 1057.

[97] Weeks C, Hu J, Alicea J, et al. Engineering a robust quantum spin Hall state in graphene via adatom deposition [J]. Physical Review X, 2011, 1 (2): 021001.

[98] Liu C C, Feng W, Yao Y. Quantum spin Hall effect in silicene and two-dimensional germanium [J]. Physical Review Letters, 2011, 107 (7): 076802.

[99] Hu J, Alicea J, Wu R, et al. Giant topological insulator gap in graphene with 5d adatoms [J]. Physical Review Letters, 2012, 109 (26): 266801.

[100] Acosta C M, Lima M P, Miwa R H, et al. Topological phases in triangular lattices of Ru adsorbed on graphene: ab initio calculations [J]. Physical Review B, 2014, 89 (15): 155438.

[101] Si C, Liu J, Xu Y, et al. Functionalized germanene as a prototype of large-gap two-dimensional topological insulators [J]. Physical Review B, 2014, 89 (11): 115429.

[102] Kou L, Hu F, Yan B, et al. Proximity enhanced quantum spin Hall state in graphene [J]. Carbon, 2015, 87: 418-423.

[103] Li J, He C, Meng L, et al. Two-dimensional topological insulators with tunable band gaps: Single-layer HgTe and HgSe [J]. Scientific Reports, 2015, 5: 14115.

[104] Ma Y, Dai Y, Kou L, et al. Robust two-dimensional topological insulators in methyl-functionalized bismuth, antimony, and lead bilayer films [J]. Nano Letters, 2015, 15 (2): 1083-1089.

[105] Yang Y, Qi S, Xu X. High-temperature quantum spin Hall insulator in compensated np codoped graphene [J]. Journal of Physics D: Applied Physics, 2016, 49 (7): 075004.

[106] Ma Y, Kou L, Dai Y, et al. Two-dimensional topological insulators in group-11 chalcogenide compounds: M_2Te (M=Cu, Ag) [J]. Physical Review B, 2016, 93 (23): 235451.

[107] Tang S, Zhang C, Wong D, et al. Quantum spin Hall state in monolayer 1T'-WTe_2 [J]. Nature Physics, 2017, 13 (7): 683-687.

[108] Li X, Zhang Z, Yao Y, et al. High throughput screening for two-dimensional topological insulators [J]. 2D Materials, 2018, 5 (4): 045023.

[109] Olsen T, Andersen E, Okugawa T, et al. Discovering two-dimensional topological insulators from high-throughput computations [J]. Physical Review Materials, 2019, 3 (2): 024005.

[110] Wang D, Tang F, Ji J, et al. Two-dimensional topological materials discovery by symmetry-indicator method [J]. Physical Review B, 2019, 100 (19): 195108.

[111] Ashton M, Paul J, Sinnott S B, et al. Topology-scaling identification of layered solids and stable exfoliated 2D materials [J]. Physical Review Letters, 2017, 118 (10): 106101.

[112] Choudhary K, Kalish I, Beams R, et al. High-throughput Identification and Characterization of Two-dimensional Materials using Density functional theory [J]. Scientific Reports, 2017, 7 (1): 1-16.

[113] Mounet N, Gibertini M, Schwaller P, et al. Two-dimensional materials from high-throughput computational exfoliation of experimentally known compounds [J]. Nature Nanotechnology, 2018, 13 (3): 246-252.

[114] Haastrup S, Strange M, Pandey M, et al. The Computational 2D Materials Database: high-throughput modeling and discovery of atomically thin crystals [J]. 2D Materials, 2018, 5 (4): 042002.

[115] Liu Y, Li Y Y, Rajput S, et al. Tuning Dirac states by strain in the topological insulator Bi_2Se_3 [J]. Nature Physics, 2014, 10 (4): 294-299.

[116] Brüne C, Liu C X, Novik E G, et al. Quantum Hall effect from the topological surface states of strained bulk HgTe [J]. Physical Review Letters, 2011, 106 (12): 126803.

[117] Miao M S, Yan Q, Van De Walle C G, et al. Polarization-driven topological insulator transition in a GaN/InN/GaN quantum well [J]. Physical Review Letters, 2012, 109 (18): 186803.

[118] Hu G, Zhang Y, Li L, et al. Piezotronic transistor based on topological insulators [J]. ACS Nano, 2018, 12 (1): 779-785.

[119] Murakami S, Iso S, Avishai Y, et al. Tuning phase transition between quantum spin Hall and ordinary insulating phases [J]. Physical Review B, 2007, 76 (20): 205304.

[120] Qian X, Liu J, Fu L, et al. Quantum spin Hall effect in two-dimensional transition metal dichalcogenides [J]. Science, 2014, 346 (6215): 1344-1347.

[121] Goldschmidt V M. Die gesetze der krystallochemie [J]. Naturwissenschaften, 1926, 14 (21): 477-485.

[122] Saito Y, Takao H, Tani T, et al. LeaD-free piezoceramics [J]. Nature, 2004, 432 (7013): 84-87.

[123] Jaffe H. Titanate ceramics for electromechanical purposes [J]. Industrial & Engineering Chemistry, 1950, 42 (2): 264-268.

[124] Rödel J, Jo W, Seifert K T P, et al. Perspective on the development of lead-free piezoceramics [J]. Journal of the American Ceramic Society, 2009, 92 (6): 1153-1177.

[125] Acosta M, Novak N, Rojas V, et al. $BaTiO_3$-based piezoelectrics: Fundamentals, current status, and perspectives [J]. Applied Physics Reviews, 2017, 4 (4): 041305.

[126] Yamada K, Kuranaga Y, Ueda K, et al. Phase Transition and Electric Conductivity of $ASnCl_3$ (A=Cs and CH_3NH_3) [J]. Bulletin of the Chemical Society of Japan, 1998, 71 (1): 127-134.

[127] Zhao Y, Zhu K. Charge transport and recombination in perovskite (CH_3NH_3) PbI_3 sensitized TiO_2 solar cells [J]. The Journal of Physical Chemistry Letters, 2013, 4 (17): 2880-2884.

[128] Filip M R, Verdi C, Giustino F. GW band structures and carrier effective masses

of $CH_3NH_3PbI_3$ and hypothetical perovskites of the type $APbI_3$: $A=NH_4$, PH_4, AsH_4, and SbH_4 [J]. The Journal of Physical Chemistry C, 2015, 119 (45): 25209-25219.

[129] Zhuang R, Wang X, Ma W, et al. Highly sensitive X-ray detector made of layered perovskite-like $(NH_4)_3Bi_2I_9$ single crystal with anisotropic response [J]. Nature Photonics, 2019, 13 (9): 602-608.

[130] Travis W, Glover E N K, Bronstein H, et al. On the application of the tolerance factor to inorganic and hybrid halide perovskites: a revised system [J]. Chemical Science, 2016, 7 (7): 4548-4556.

[131] Du Z Y, Zhao Y P, He C T, et al. Structural transition in the perovskite-like bimetallic azido coordination polymers: $(NMe_4)_2[B' \cdot B''(N_3)_6](B'=Cr^{3+}, Fe^{3+}$; $B''=Na^+, K^+)$ [J]. Crystal Growth & Design, 2014, 14 (8): 3903-3909.

[132] Ma̧czka M, Pietraszko A, Macalik L, et al. Synthesis and order-disorder transition in a novel metal formate framework of $[(CH_3)_2NH_2]Na_{0.5}Fe_{0.5}(HCOO)_3$ [J]. Dalton Transactions, 2014, 43 (45): 17075-17084.

[133] Schlueter J A, Manson J L, Geiser U. Structural and magnetic diversity in tetraalkylammonium salts of anionic $M[N(CN)_2]_3^-$ (M=Mn and Ni) three-dimensional coordination polymers [J]. Inorganic Chemistry, 2005, 44 (9): 3194-3202.

[134] Zhang W, Cai Y, Xiong R G, et al. Exceptional dielectric phase transitions in a perovskite-type cage compound [J]. Angewandte Chemie International Edition, 2010, 37 (49): 6608-6610.

[135] Hill J A, Thompson A L, Goodwin A L. Dicyanometallates as model extended frameworks [J]. Journal of the American Chemical Society, 2016, 138 (18): 5886-5896.

[136] Wei H, Yang Y, Chen S, et al. LeaD-free hybrid perovskite $N(CH_3)_4SnI_3$ with robust ferroelectricity induced by large and non-polar $N(CH_3)_4^+$ molecular cation [J]. Nature Communications, 2021, 12 (1): 1-8.

[137] Beilsten-Edmands J, Eperon G E, Johnson R D, et al. Non-ferroelectric nature of the conductance hysteresis in $CH_3NH_3PbI_3$ perovskite-based photovoltaic devices [J]. Applied Physics Letters, 2015, 106 (17): 838-7705.

[138] She L, Liu M, Zhong D. Atomic structures of $CH_3NH_3PbI_3$ (001) surfaces [J]. ACS Nano, 2016, 10 (1): 1126-1131.

[139] Strelcov E, Dong Q, Li T, et al. $CH_3NH_3PbI_3$ perovskites: Ferroelasticity revealed [J]. Science Advances, 2017, 3 (4): e1602165.

[140] Choi H S, Li S, Park I H, et al. Tailoring the coercive field in ferroelectric metal-free perovskites by hydrogen bonding [J]. Nature Communications, 2022, 13 (1): 1-7.

[141] 梁培. 掺杂 ZnO 稀磁半导体磁性的第一性原理计算 [D]. 武汉: 华中科技大学, 2009.

[142] Slater J C. A simplification of the Hartree-Fock method [J]. Physical Review, 1951, 81 (3): 385-390.

[143] Hohenberg P, Kohn W. Inhomogeneous electron gas [J]. Physical Review, 1964, 136 (3B): B864.

[144] Kohn W, Sham L J. Self-consistent equations including exchange and correlation effects [J]. Physical Review, 1965, 140 (4A): A1133.

[145] Kresse G, Hafner J. Ab initio molecular dynamics for liquid metals [J]. Physical Review B, 1993, 47 (1): 558.

[146] Kresse G, Hafner J. Ab initio molecular-dynamics simulation of the liquid metal amorphous semiconductor transition in germanium [J]. Physical Review B, 1994, 49 (20): 14251.

[147] Kresse G, Furthmüller J. Efficiency of ab-initio total energy calculations for metals and semiconductors using a plane-wave basis set [J]. Computational Materials Science, 1996, 6 (1): 15-50.

[148] Kresse G, Furthmüller J. Efficient iterative schemes for ab initio total-energy calculations using a plane-wave basis set [J]. Physical Review B, 1996, 54 (16): 11169.

[149] Vanderbilt D, King-Smith R D. Electric polarization as a bulk quantity and its relation to surface charge [J]. Physical Review B, 1993, 48 (7): 4442.

[150] King-Smith R D, Vanderbilt D. Theory of polarization of crystalline solids [J]. Physical Review B, 1993, 47 (3): 1651.

[151] Hamann D R, Wu X, Rabe K M, et al. Metric tensor formulation of strain in density-functional perturbation theory [J]. Physical Review B, 2005, 71 (3): 035117.

[152] Fu L, Kane C L. Topological insulators with inversion symmetry [J]. Physical

Review B, 2007, 76 (4): 045302.

[153] Hui Y Y, Liu X, Jie W, et al. Exceptional tunability of band energy in a compressively strained trilayer MoS_2 sheet [J]. Acs Nano, 2013, 7 (8): 7126-7131.

[154] Zhu H, Wang Y, Xiao J, et al. Observation of piezoelectricity in free-standing monolayer MoS_2 [J]. Nature Nanotechnology, 2015, 10 (2): 151-155.

[155] Qin Y, Wang X, Wang Z L. Microfibre-nanowire hybrid structure for energy scavenging [J]. Nature, 2008, 451 (7180): 809-813.

[156] Gomes L C, Carvalho A, Neto A H C. Enhanced piezoelectricity and modified dielectric screening of two-dimensional group-Ⅳ monochalcogenides [J]. Physical Review B, 2015, 92 (21): 214103.

[157] Li Z, He C, Ouyang T, et al. Allotropes of phosphorus with remarkable stability and intrinsic piezoelectricity [J]. Physical Review Applied, 2018, 9 (4): 044032.

[158] Michel K H, Çakır D, Sevik C, et al. Piezoelectricity in two-dimensional materials: Comparative study between lattice dynamics and ab initio calculations [J]. Physical Review B, 2017, 95 (12): 125415.

[159] Wang Z L, Song J. Piezoelectric nanogenerators based on zinc oxide nanowire arrays [J]. Science, 2006, 312 (5771): 242-246.

[160] Deng J, Chang Z, Zhao T, et al. Electric field induced reversible phase transition in Li doped phosphorene: shape memory effect and superelasticity [J]. Journal of the American Chemical Society, 2016, 138 (14): 4772-4778.

[161] Qi J, Lan Y W, Stieg A Z, et al. Piezoelectric effect in chemical vapour deposition-grown atomic-monolayer triangular molybdenum disulfide piezotronics [J]. Nature Communications, 2015, 6 (1): 1-8.

[162] Kaasbjerg K, Thygesen K S, Jauho A P. Acoustic phonon limited mobility in two-dimensional semiconductors: Deformation potential and piezoelectric scattering in monolayer MoS_2 from first principles [J]. Physical Review B, 2013, 87 (23): 235312.

[163] Thilagam A. Ultrafast exciton relaxation in monolayer transition metal dichalcogenides [J]. Journal of Applied Physics, 2016, 119 (16): 164306.

[164] Dal Corso A, Posternak M, Resta R, et al. Ab initio study of piezoelectricity and spontaneous polarization in ZnO [J]. Physical Review B, 1994, 50

(15): 10715.

[165] Gao P X, Wang Z L. Nanoarchitectures of semiconducting and piezoelectric zinc oxide [J]. Journal of Applied Physics, 2005, 97 (4): 044304.

[166] Wang Z L, Kong X Y, Ding Y, et al. Semiconducting and piezoelectric oxide nanostructures induced by polar surfaces [J]. Advanced Functional Materials, 2004, 14 (10): 943-956.

[167] Duan Y, Qin L, Tang G, et al. First-principles study of ground-and metastable-state properties of XO (X=Be, Mg, Ca, Sr, Ba, Zn and Cd) [J]. The European Physical Journal B, 2008, 66 (2): 201-209.

[168] Zhao M H, Wang Z L, Mao S X. Piezoelectric characterization of individual zinc oxide nanobelt probed by piezoresponse force microscope [J]. Nano Letters, 2004, 4 (4): 587-590.

[169] Ambacher O, Smart J, Shealy J R, et al. Two-dimensional electron gases induced by spontaneous and piezoelectric polarization charges in N-and Ga-face AlGaN/GaN heterostructures [J]. Journal of Applied Physics, 1999, 85 (6): 3222-3233.

[170] Speck J S, Chichibu S F. Nonpolar and semipolar group III nitride-based materials [J]. MRS Bulletin, 2009, 34 (05): 304-312.

[171] Waltereit P, Brandt O, Trampert A, et al. Nitride semiconductors free of electrostatic fields for efficient white light-emitting diodes [J]. Nature, 2000, 406 (6798): 865-868.

[172] Bernardini F, Fiorentini V. Nonlinear behavior of spontaneous and piezoelectric polarization in III-V nitride alloys [J]. Physica Status Solidi (a), 2002, 190 (1): 65-73.

[173] Ambacher O, Foutz B, Smart J, et al. Two dimensional electron gases induced by spontaneous and piezoelectric polarization in undoped and doped AlGaN/GaN heterostructures [J]. Journal of Applied Physics, 2000, 87 (1): 334-344.

[174] Vurgaftman I, Meyer J R, Ram-Mohan L R. Band parameters for III-V compound semiconductors and their alloys [J]. Journal of Applied Physics, 2001, 89 (11): 5815-5875.

[175] Ambacher O, Dimitrov R, Stutzmann M, et al. Role of Spontaneous and Piezoelectric Polarization Induced Effects in Group-III Nitride Based Heterostructures and Devices [J]. Physica Status Solidi (b), 1999, 216 (1): 381-389.

[176] Hanakata P Z, Carvalho A, Campbell D K, et al. Polarization and valley switching in monolayer group-IV monochalcogenides [J]. Physical Review B, 2016, 94 (3): 035304.

[177] Wang H, Qian X. Two-dimensional multiferroics in monolayer group IV monochalcogenides [J]. 2D Materials, 2017, 4 (1): 015042.

[178] Hu T, Dong J. Two new phases of monolayer group-IV monochalcogenides and their piezoelectric properties [J]. Physical Chemistry Chemical Physics, 2016, 18 (47): 32514-32520.

[179] Tian H, Tice J, Fei R, et al. Low-symmetry two-dimensional materials for electronic and photonic applications [J]. Nano Today, 2016, 11: 763-777.

[180] Chang Z, Yan W, Shang J, et al. Piezoelectric properties of graphene oxide: A first-principles computational study [J]. Applied Physics Letters, 2014, 105 (2): 023103.

[181] Dai J, Zeng X C. Structure and stability of two dimensional phosphorene with [double bond, length as m-dash] O or [double bond, length as m-dash] NH functionalization [J]. Rsc Advances, 2014, 4 (89): 48017-48021.

[182] Blöchl P E. Projector augmented-wave method [J]. Physical Review B, 1994, 50 (24): 17953.

[183] Perdew J P, Burke K, Ernzerhof M. Generalized gradient approximation made simple [J]. Physical Review Letters, 1996, 77 (18): 3865.

[184] Dumitrică T, Hua M, Yakobson B I. Endohedral silicon nanotubes as thinnest silicide wires [J]. Physical Review B, 2004, 70 (24): 241303.

[185] He C, Zhang C X, Sun L Z, et al. Structure, stability and electronic properties of tricycle type graphane [J]. Physica Status Solidi (RRL) -Rapid Research Letters, 2012, 6 (11): 427-429.

[186] Jing Y, Tang Q, He P, et al. Small molecules make big differences: molecular doping effects on electronic and optical properties of phosphorene [J]. Nanotechnology, 2015, 26 (9): 095201.

[187] Li L, Yu Y, Ye G J, et al. Black phosphorus field-effect transistors [J]. Nature Nanotechnology, 2014, 9 (5): 372.

[188] Zhang S, Xie M, Li F, et al. Semiconducting group 15 monolayers: a broad range of band gaps and high carrier mobilities [J]. Angewandte Chemie International

Edition, 2016, 55 (5): 1666-1669.

[189] Qiao J, Kong X, Hu Z X, et al. High-mobility transport anisotropy and linear dichroism in few-layer black phosphorus [J]. Nature Communications, 2014, 5 (1): 1-7.

[190] Liang L, Wang J, Lin W, et al. Electronic bandgap and edge reconstruction in phosphorene materials [J]. Nano Letters, 2014, 14 (11): 6400-6406.

[191] Wei Q, Peng X. Superior mechanical flexibility of phosphorene and few-layer black phosphorus [J]. Applied Physics Letters, 2014, 104 (25): 251915.

[192] Koenig S P, Doganov R A, Schmidt H, et al. Electric field effect in ultrathin black phosphorus [J]. Applied Physics Letters, 2014, 104 (10): 103106.

[193] Buscema M, Groenendijk D J, Blanter S I, et al. Fast and broadband photoresponse of few-layer black phosphorus field-effect transistors [J]. Nano Letters, 2014, 14 (6): 3347-3352.

[194] Yu X, Zhang S, Zeng H, et al. Lateral black phosphorene P-N junctions formed via chemical doping for high performance near-infrared photodetector [J]. Nano Energy, 2016, 25: 34-41.

[195] Wu M, Fu H, Zhou L, et al. Nine new phosphorene polymorphs with non-honeycomb structures: a much extended family [J]. Nano Letters, 2015, 15 (5): 3557-3562.

[196] Zhang J L, Zhao S, Han C, et al. Epitaxial growth of single layer blue phosphorus: a new phase of two-dimensional phosphorus [J]. Nano Letters, 2016, 16 (8): 4903-4908.

[197] Xu M, He C, Zhang C, et al. First-principles prediction of a novel hexagonal phosphorene allotrope [J]. Physica Status Solidi (RRL) -Rapid Research Letters, 2016, 10 (7): 563-565.

[198] He C, Zhang C X, Tang C, et al. Five low energy phosphorene allotropes constructed through gene segments recombination [J]. Scientific Reports, 2017, 7: 46431.

[199] Wang C, Xia Q, Nie Y, et al. Strain-induced gap transition and anisotropic Dirac-like cones in monolayer and bilayer phosphorene [J]. Journal of Applied Physics, 2015, 117 (12): 124302.

[200] Rodin A S, Carvalho A, Neto A H C. Strain-induced gap modification in black

phosphorus [J]. Physical Review Letters, 2014, 112 (17): 176801.

[201] Peng X, Wei Q, Copple A. Strain-engineered direct-indirect band gap transition and its mechanism in two-dimensional phosphorene [J]. Physical Review B, 2014, 90 (8): 085402.

[202] Pei J, Gai X, Yang J, et al. Producing air-stable monolayers of phosphorene and their defect engineering [J]. Nature Communications, 2016, 7: 10450.

[203] Ziletti A, Carvalho A, Campbell D K, et al. Oxygen defects in phosphorene [J]. Physical Review Letters, 2015, 114 (4): 046801.

[204] Nahas S, Ghosh B, Bhowmick S, et al. First-principles cluster expansion study of functionalization of black phosphorene via fluorination and oxidation [J]. Physical Review B, 2016, 93 (16): 165413.

[205] Ziletti A, Carvalho A, Trevisanutto P E, et al. Phosphorene oxides: Bandgap engineering of phosphorene by oxidation [J]. Physical Review B, 2015, 91 (8): 085407.

[206] Li J, Zhao T, He C, et al. Surface oxidation: an effective way to induce piezoelectricity in 2D black phosphorus [J]. Journal of Physics D: Applied Physics, 2018, 51 (12): 12LT01.

[207] Yin H, Zheng G P, Gao J, et al. Enhanced piezoelectricity of monolayer phosphorene oxides: A theoretical study [J]. Physical Chemistry Chemical Physics, 2017, 19 (40): 27508-27515.

[208] Togo A, Oba F, Tanaka I. First-principles calculations of the ferroelastic transition between rutile-type and CaCl 2-type SiO_2 at high pressures [J]. Physical Review B, 2008, 78 (13): 134106.

[209] Parlinski K, Li Z Q, Kawazoe Y. First-principles determination of the soft mode in cubic ZrO_2 [J]. Physical Review Letters, 1997, 78 (21): 4063.

[210] Heyd J, Scuseria G E, Ernzerhof M. Hybrid functionals based on a screened Coulomb potential [J]. The Journal of Chemical Physics, 2003, 118 (18): 8207-8215.

[211] Nye J F. Physical properties of crystals: their representation by tensors and matrices [M]. Oxford: Oxford university press, 1985.

[212] Fedorov F I. Theory of elastic waves in crystals [M]. Berlin: Springer Science & Business Media, 2013.

[213] Wallace D C. Thermodynamics of Crystals [M]. New York: Wiley, 1972.

[214] Fei Z, Palomaki T, Wu S, et al. Edge conduction in monolayer WTe2 [J]. Nature Physics, 2017, 13 (7): 677-682.

[215] Xu Y, Yan B, Zhang H J, et al. Large-gap quantum spin Hall insulators in tin films [J]. Physical Review Letters, 2013, 111 (13): 136804.

[216] Liu Z, Liu C X, Wu Y S, et al. Stable nontrivial Z2 topology in ultrathin Bi (111) films: a first-principles study [J]. Physical Review Letters, 2011, 107 (13): 136805.

[217] Liu C C, Guan S, Song Z, et al. Low-energy effective Hamiltonian for giant-gap quantum spin Hall insulators in honeycomb X-hydride/halide (X=N-Bi) monolayers [J]. Physical Review B, 2014, 90 (8): 085431.

[218] Zhou J J, Feng W, Liu C C, et al. Large-gap quantum spin Hall insulator in single layer bismuth monobromide Bi4Br4 [J]. Nano Letters, 2014, 14 (8): 4767-4771.

[219] Chuang F C, Yao L Z, Huang Z Q, et al. Prediction of large-gap two-dimensional topological insulators consisting of bilayers of group Ⅲ elements with Bi [J]. Nano Letters, 2014, 14 (5): 2505-2508.

[220] König M, Wiedmann S, Brüne C, et al. Quantum spin Hall insulator state in HgTe quantum wells [J]. Science, 2007, 318 (5851): 766-770.

[221] Knez I, Du R R, Sullivan G. Evidence for helical edge modes in inverted InAs/GaSb quantum wells [J]. Physical Review Letters, 2011, 107 (13): 136603.

[222] Marzari N, Vanderbilt D. Maximally localized generalized Wannier functions for composite energy bands [J]. Physical Review B, 1997, 56 (20): 12847.

[223] Souza I, Marzari N, Vanderbilt D. Maximally localized Wannier functions for entangled energy bands [J]. Physical Review B, 2001, 65 (3): 035109.

[224] Mostofi A A, Yates J R, Lee Y S, et al. wannier90: A tool for obtaining maximally-localised Wannier functions [J]. Computer Physics Communications, 2008, 178 (9): 685-699.

[225] Sancho M P L, Sancho J M L, Rubio J. Quick iterative scheme for the calculation of transfer matrices: application to Mo (100) [J]. Journal of Physics F: Metal Physics, 1984, 14 (5): 1205.

[226] Sancho M P L, Sancho J M L, Rubio J, et al. Highly convergent schemes for the

calculation of bulk and surface Green functions [J]. Journal of Physics F: Metal Physics, 1985, 15 (4): 851.

[227] Wu Q S, Zhang S N, Song H F, et al. WannierTools: An open-source software package for novel topological materials [J]. Computer Physics Communications, 2018, 224: 405-416.

[228] Muechler L, Alexandradinata A, Neupert T, et al. Topological nonsymmorphic metals from band inversion [J]. Physical Review X, 2016, 6 (4): 041069.

[229] Tang W, Sanville E, Henkelman G. A grid-based Bader analysis algorithm without lattice bias [J]. Journal of Physics: Condensed Matter, 2009, 21 (8): 084204.

[230] Sanville E, Kenny S D, Smith R, et al. Improved grid-based algorithm for Bader charge allocation [J]. Journal of Computational Chemistry, 2007, 28 (5): 899-908.

[231] Yu M, Trinkle D R. Accurate and efficient algorithm for Bader charge integration [J]. The Journal of Chemical Physics, 2011, 134 (6): 064111.

[232] Dronskowski R, Blöchl P E. Crystal orbital Hamilton populations (COHP): energy-resolved visualization of chemical bonding in solids based on density-functional calculations [J]. The Journal of Physical Chemistry, 1993, 97 (33): 8617-8624.

[233] Maintz S, Deringer V L, Tchougréeff A L, et al. LOBSTER: A tool to extract chemical bonding from plane-wave based DFT [J]. Journal of Computational Chemistry, 2016, 37 (11): 1030-1035.

[234] Yu R, Qi X L, Bernevig A, et al. Equivalent expression of Z2 topological invariant for band insulators using the non-Abelian Berry connection [J]. Physical Review B, 2011, 84 (7): 075119.

[235] Soluyanov A A, Vanderbilt D. Computing topological invariants without inversion symmetry [J]. Physical Review B, 2011, 83 (23): 235401.

[236] Moore J E, Balents L. Topological invariants of time-reversal-invariant band structures [J]. Physical Review B, 2007, 75 (12): 121306.

[237] Quarti C, Mosconi E, Ball J M, et al. Structural and optical properties of methylammonium lead iodide across the tetragonal to cubic phase transition: implications for perovskite solar cells [J]. Energy & Environmental Science, 2016, 9 (1):

155-163.

[238] Ziffer M E, Mohammed J C, Ginger D S. Electroabsorption spectroscopy measurements of the exciton binding energy, electron-hole reduced effective mass, and band gap in the perovskite $CH_3NH_3PbI_3$ [J]. Acs Photonics, 2016, 3 (6): 1060-1068.

[239] Ball J M, Stranks S D, Hörantner M T, et al. Optical properties and limiting photocurrent of thin-film perovskite solar cells [J]. Energy & Environmental Science, 2015, 8 (2): 602-609.

[240] Stranks S D, Giles E E, Giulia G, et al. Electron-hole diffusion lengths exceeding 1 micrometer in an organometal trihalide perovskite absorber [J]. Science, 2013, 342 (6156): 341-344.

[241] Wehrenfennig C, Eperon G E, Johnston M B, et al. High charge carrier mobilities and lifetimes in organolead trihalide perovskites [J]. Advanced Materials, 2014, 26 (10): 1584-1589.

[242] Xing G, Mathews N, Sun S, et al. Long-range balanced electron-and hole-transport lengths in organic-inorganic $CH_3NH_3PbI_3$ [J]. Science, 2013, 342 (6156): 344-347.

[243] McGehee M D. Continuing to soar [J]. Nature Materials, 2014, 13 (9): 845-846.

[244] Yang W S, Park B W, Jung E H, et al. Iodide management in formamidinium-leaD-halide-based perovskite layers for efficient solar cells [J]. Science, 2017, 356 (6345): 1376-1379.

[245] Li W, Wang Z, Deschler F, et al. Chemically diverse and multifunctional hybrid organic-inorganic perovskites [J]. Nature Reviews Materials, 2017, 2 (3): 1-18.

[246] Zheng X, Hou Y, Bao C, et al. Managing grains and interfaces via ligand anchoring enables 22.3%-efficiency inverted perovskite solar cells [J]. Nature Energy, 2020, 5 (2): 131-140.

[247] Maiti A, Pal A J. Carrier recombination in $CH_3NH_3PbI_3$: why is it a slow process? [J]. Reports on Progress in Physics, 2022, 85 (2): 024501.

[248] Even J, Pedesseau L, Jancu J M, et al. Importance of spin-orbit coupling in hybrid organic/inorganic perovskites for photovoltaic applications [J]. The Journal

of Physical Chemistry Letters, 2013, 4 (17): 2999-3005.

[249] Stroppa A, Barone P, Jain P, et al. Hybrid improper ferroelectricity in a multiferroic and magnetoelectric metal-organic framework [J]. Advanced Materials, 2013, 25 (16): 2284-2290.

[250] Grinberg I, West D V, Torres M, et al. Perovskite oxides for visible-light-absorbing ferroelectric and photovoltaic materials [J]. Nature, 2013, 503 (7477): 509-512.

[251] Frost J M, Butler K T, Brivio F, et al. Atomistic origins of high-performance in hybrid halide perovskite solar cells [J]. Nano Letters, 2014, 14 (5): 2584-2590.

[252] Liu S, Zheng F, Koocher N Z, et al. Ferroelectric domain wall induced band gap reduction and charge separation in organometal halide perovskites [J]. The Journal of Physical Chemistry Letters, 2015, 6 (4): 693-699.

[253] Zheng F, Tan L Z, Liu S, et al. Rashba spin-orbit coupling enhanced carrier lifetime in $CH_3NH_3PbI_3$ [J]. Nano Letters, 2015, 15 (12): 7794-7800.

[254] Quarti C, Mosconi E, De Angelis F. Interplay of orientational order and electronic structure in methylammonium lead iodide: implications for solar cell operation [J]. Chemistry of Materials, 2014, 26 (22): 6557-6569.

[255] Wang P, Zhao J, Wei L, et al. Photo-induced ferroelectric switching in perovskite $CH_3NH_3PbI_3$ films [J]. Nanoscale, 2017, 9 (11): 3806-3817.

[256] Hu S, Gao H, Qi Y, et al. Dipole order in halide perovskites: polarization and Rashba band splittings [J]. The Journal of Physical Chemistry C, 2017, 121 (41): 23045-23054.

[257] Stroppa A, Quarti C, De Angelis F, et al. Ferroelectric polarization of $CH_3NH_3PbI_3$: a detailed study based on density functional theory and symmetry mode analysis [J]. The Journal of Physical Chemistry Letters, 2015, 6 (12): 2223-2231.

[258] Brivio F, Frost J M, Skelton J M, et al. Lattice dynamics and vibrational spectra of the orthorhombic, tetragonal, and cubic phases of methylammonium lead iodide [J]. Physical Review B, 2015, 92 (14): 144308.

[259] Tong W Y, Zhao J Z, Ghosez P. Missed ferroelectricity in methylammonium lead iodide [J]. Npj Computational Materials, 2022, 8 (1): 165.

[260] Fan Z, Xiao J, Sun K, et al. Ferroelectricity of $CH_3NH_3PbI_3$ perovskite [J].

[261] Ong K P, Goh T W, Xu Q, et al. Mechanical origin of the structural phase transition in methylammonium lead iodide $CH_3NH_3PbI_3$ [J]. The Journal of Physical Chemistry letters, 2015, 6 (4): 681-685.

[262] Gómez A, Wang Q, Goñi A R, et al. Ferroelectricity-free lead halide perovskites [J]. Energy & Environmental Science, 2019, 12 (8): 2537-2547.

[263] Guo H, Liu P, Zheng S, et al. Re-entrant relaxor ferroelectricity of methylammonium lead iodide [J]. Current Applied Physics, 2016, 16 (12): 1603-1606.

[264] Sharada G, Mahale P, Kore B P, et al. Is $CH_3NH_3PbI_3$ polar [J]. J. Phys. Chem. Lett, 2016, 7 (13): 2412-2419.

[265] Sajedi Alvar M, Kumar M, Blom P W M, et al. Absence of ferroelectricity in methylammonium lead iodide perovskite [J]. AIP Advances, 2017, 7 (9): 095110.

[266] Filippetti A, Delugas P, Saba M I, et al. Entropy-suppressed ferroelectricity in hybrid lead-iodide perovskites [J]. The Journal of Physical Chemistry Letters, 2015, 6 (24): 4909-4915.

[267] Seol D, Jeong A, Han M H, et al. Origin of hysteresis in $CH_3NH_3PbI_3$ perovskite thin films [J]. Advanced Functional Materials, 2017, 27 (37): 1701924.

[268] Chen H W, Sakai N, Ikegami M, et al. Emergence of hysteresis and transient ferroelectric response in organo-lead halide perovskite solar cells [J]. The Journal of Physical Chemistry Letters, 2015, 6 (1): 164-169.

[269] Juarez-Perez E J, Sanchez R S, Badia L, et al. Photoinduced giant dielectric constant in lead halide perovskite solar cells [J]. The Journal of Physical Chemistry Letters, 2014, 5 (13): 2390-2394.

[270] Anusca I, Balčiūnas S, Gemeiner P, et al. Dielectric response: answer to many questions in the methylammonium lead halide solar cell absorbers [J]. Advanced Energy Materials, 2017, 7 (19): 1700600.

[271] Leguy A M A, Frost J M, McMahon A P, et al. The dynamics of methylammonium ions in hybrid organic-inorganic perovskite solar cells [J]. Nature Communications, 2015, 6 (1): 7124.

[272] Dong Q, Song J, Fang Y, et al. Lateral-structure single-crystal hybrid perovskite solar cells via piezoelectric poling [J]. Advanced Materials, 2016, 28 (14):

2816-2821.

[273] Rakita Y, Bar-Elli O, Meirzadeh E, et al. Tetragonal $CH_3NH_3PbI_3$ is ferroelectric [J]. Proceedings of the National Academy of Sciences, 2017, 114 (28): E5504-E5512.

[274] Röhm H, Leonhard T, Hoffmann M J, et al. Ferroelectric domains in methylammonium lead iodide perovskite thin-films [J]. Energy & Environmental Science, 2017, 10 (4): 950-955.

[275] Kutes Y, Ye L, Zhou Y, et al. Direct observation of ferroelectric domains in solution-processed $CH_3NH_3PbI_3$ perovskite thin films [J]. The Journal of Physical Chemistry Letters, 2014, 5 (19): 3335-3339.

[276] Liu Y, Collins L, Proksch R, et al. Chemical nature of ferroelastic twin domains in $CH_3NH_3PbI_3$ perovskite [J]. Nature Materials, 2018, 17 (11): 1013-1019.

[277] Zhang Y, Jie W, Chen P, et al. Ferroelectric and piezoelectric effects on the optical process in advanced materials and devices [J]. Advanced Materials, 2018, 30 (34): 1707007.

[278] Weller M T, Weber O J, Henry P F, et al. Complete structure and cation orientation in the perovskite photovoltaic methylammonium lead iodide between 100 and 352 K [J]. Chemical Communications, 2015, 51 (20): 4180-4183.

[279] Kawamura Y, Mashiyama H, Hasebe K. Structural study on cubic-tetragonal transition of $CH_3NH_3PbI_3$ [J]. Journal of the Physical Society of Japan, 2002, 71 (7): 1694-1697.

[280] Frohna K, Deshpande T, Harter J, et al. Inversion symmetry and bulk Rashba effect in methylammonium lead iodide perovskite single crystals [J]. Nature Communications, 2018, 9 (1): 1829.

[281] Shahrokhi S, Gao W, Wang Y, et al. Emergence of ferroelectricity in halide perovskites [J]. Small Methods, 2020, 4 (8): 2000149.

[282] Huang B, Liu Z, Wu C, et al. Polar or nonpolar? That is not the question for perovskite solar cells [J]. National Science Review, 2021, 8 (8): nwab094.

[283] Lovinger A J. Ferroelectric polymers [J]. Science, 1983, 220 (4602): 1115-1121.

[284] Motta C, El-Mellouhi F, Kais S, et al. Revealing the role of organic cations in hybrid halide perovskite $CH_3NH_3PbI_3$ [J]. Nature Communications, 2015, 6

(1): 7026.

[285] Lee J H, Bristowe N C, Lee J H, et al. Resolving the physical origin of octahedral tilting in halide perovskites [J]. Chemistry of Materials, 2016, 28 (12): 4259-4266.

[286] Lee J H, Bristowe N C, Bristowe P D, et al. Role of hydrogen-bonding and its interplay with octahedral tilting in $CH_3NH_3PbI_3$ [J]. Chemical Communications, 2015, 51 (29): 6434-6437.

[287] Breternitz J, Lehmann F, Barnett S A, et al. Role of the iodide-methylammonium interaction in the ferroelectricity of $CH_3NH_3PbI_3$ [J]. Angewandte Chemie International Edition, 2020, 59 (1): 424-428.

[288] Lee J H, Lee J-H, Kong E H, et al. The nature of hydrogen-bonding interaction in the prototypic hybrid halide perovskite, tetragonal $CH_3NH_3PbI_3$ [J]. Scientific Reports, 2016, 6 (1): 21687.

[289] Fan N, Ma X, Xu B. Effect of Iodine Octahedral Rotations on Dipole Ordering in Organic-Inorganic Hybrid Perovskite $CH_3NH_3PbI_3$ [J]. The Journal of Physical Chemistry C, 2022, 126 (1): 779-785.

[290] Boström H L B, Senn M S, Goodwin A L. Recipes for improper ferroelectricity in molecular perovskites [J]. Nature Communications, 2018, 9 (1): 2380.

[291] Gómez-Aguirre L C, Pato-Doldán B, Stroppa A, et al. Room-temperature polar order in [NH_4][Cd($HCOO$)$_3$] -a hybrid inorganic-organic compound with a unique perovskite architecture [J]. Inorganic Chemistry, 2015, 54 (5): 2109-2116.

[292] Hu K L, Kurmoo M, Wang Z, et al. Metal-organic perovskites: synthesis, structures, and magnetic properties of [C(NH_2)$_3$][MII($HCOO$)$_3$](M = Mn, Fe, Co, Ni, Cu, and Zn; C(NH_2)$_3$ = guanidinium) [J]. Chemistry-A European Journal, 2009, 15 (44): 12050-12064.

[293] Stroppa A, Jain P, Barone P, et al. Electric control of magnetization and interplay between orbital ordering and ferroelectricity in a multiferroic metal-organic framework [J]. Angewandte Chemie International Edition, 2011, 50 (26): 5847-5850.

[294] Collings I E, Hill J A, Cairns A B, et al. Compositional dependence of anomalous thermal expansion in perovskite-like ABX_3 formates [J]. Dalton Transactions,

2016, 45 (10): 4169-4178.

[295] Wu Y, Shaker S, Brivio F, et al. [Am]Mn (H$_2$POO)$_3$: a new family of hybrid perovskites based on the hypophosphite ligand [J]. Journal of the American Chemical Society, 2017, 139 (47): 16999-17002.

[296] Randall C A, Bhalla A S, Shrout T R, et al. Classification and consequences of complex lead perovskite ferroelectrics with regard to B-site cation order [J]. Journal of Materials Research, 1990, 5 (4): 829-834.

[297] Dimesso L, Wussler M, Mayer T, et al. Inorganic alkali lead iodide semiconducting APbI$_3$ (A=Li, Na, K, Cs) and NH$_4$PbI$_3$ films prepared from solution: structure, morphology, and electronic structure [J]. AIMS Materials Science, 2016, 3 (3): 737-755.

[298] Yang R X, Skelton J M, Da Silva E L, et al. Spontaneous octahedral tilting in the cubic inorganic cesium halide perovskites CsSnX$_3$ and CsPbX$_3$ (X=F, Cl, Br, I) [J]. The Journal of Physical Chemistry Letters, 2017, 8 (19): 4720-4726.

[299] Kieslich G, Sun S, Cheetham A K. SoliD-state principles applied to organic-inorganic perovskites: new tricks for an old dog [J]. Chemical Science, 2014, 5 (12): 4712-4715.

[300] Hohenberg P, Kohn W. Inhomogeneous electron gas [J]. Physical Review, 1964, 136 (3B): B864.

[301] Kohn W, Sham L J. Self-consistent equations including exchange and correlation effects [J]. Physical Review, 1965, 140 (4A): A1133.

[302] Kresse G, Joubert D. From ultrasoft pseudopotentials to the projector augmented-wave method [J]. Physical Review B, 1999, 59 (3): 1758.

[303] Perdew J P, Burke K, Ernzerhof M. Generalized gradient approximation made simple [J]. Physical Review Letters, 1996, 77 (18): 3865.

[304] Perdew J P, Ruzsinszky A, Csonka G I, et al. Restoring the density-gradient expansion for exchange in solids and surfaces [J]. Physical Review Letters, 2008, 100 (13): 136406.

[305] Resta R. Macroscopic polarization in crystalline dielectrics: the geometric phase approach [J]. Reviews of Modern Physics, 1994, 66 (3): 899.

[306] Henkelman G, Uberuaga B P, Jónsson H. A climbing image nudged elastic band method for finding saddle points and minimum energy paths [J]. The Journal of

Chemical Physics, 2000, 113 (22): 9901-9904.
[307] Grimme S, Antony J, Ehrlich S, et al. A consistent and accurate ab initio parametrization of density functional dispersion correction (DFT-D) for the 94 elements H-Pu [J]. The Journal of Chemical Physics, 2010, 132 (15): 154104.
[308] Glazer A M. The classification of tilted octahedra in perovskites [J]. Acta Crystallographica Section B: Structural Crystallography and Crystal Chemistry, 1972, 28 (11): 3384-3392.

附录

附录 A 9种不同氧化磷烯异构体的晶体结构参数、功函数和能量值

表 A-1 9种不同氧化磷烯异构体的基本晶体结构参数（空间群、晶格常数、层厚度）、功函数和能量值

结构参数		Boat-1	Boat-2	Boat-2-distorted	Chair	Twist-boat	Twist-boat-distorted	Stirrup	Stirrup-distorted	Tricycle
空间群		Pmmn (59)	Pbcm (57)	P21212 (18)	P-3m1 (164)	Pcca (54)	Pca2$_1$ (29)	Pmna (53)	Pmn2$_1$ (53)	Pmc2$_1$ (26)
晶格常数/Å	a	3.65	6.70	5.90	3.67	6.18	6.25	5.65	5.22	10.39
	b	6.34	6.37	6.51	3.67	6.48	6.55	3.72	3.67	3.65
层厚度/Å		4.14	4.46	5.58	4.05	3.92	5.05	4.47	5.44	7.06
功函数/eV		8.211	8.306	8.205	8.334	7.301	7.884	8.186	8.174	8.132
能量值/eV		−48.12	−96.12	−96.70	−24.10	−96.73	−96.96	−48.07	−48.31	−96.47

附录B 9种不同氧化磷烯异构体的结构俯视和侧视图

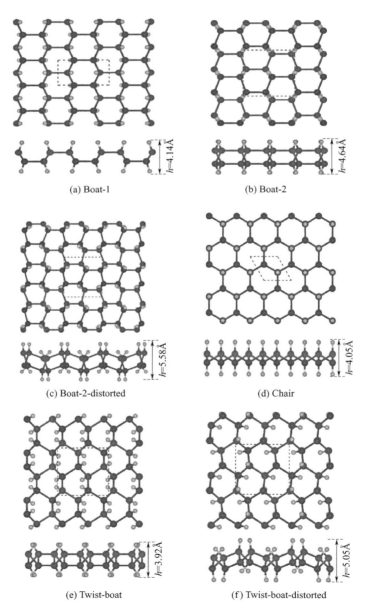

(a) Boat-1　　(b) Boat-2　　(c) Boat-2-distorted　　(d) Chair　　(e) Twist-boat　　(f) Twist-boat-distorted

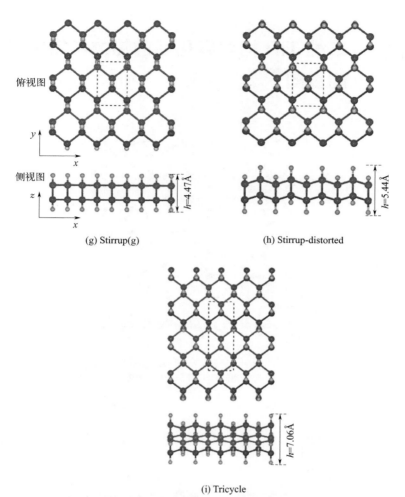

图 B-1 9种氧化磷烯异构体的结构俯视和侧视图

附录 C 二维 TlP 构型氢化后的热力学结构及能量图

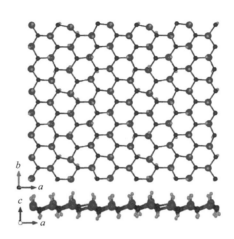

(a) 在300K下分子动力学(MD)模拟结束后的TlPH$_2$原子结构快照图

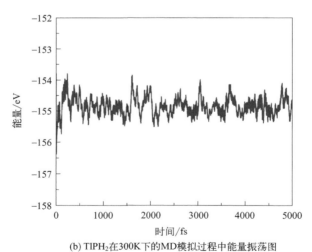

(b) TlPH$_2$在300K下的MD模拟过程中能量振荡图

图 C-1 二维 TlP 构型氢化后的热力学结构及能量图

附录 D 二维 1T′-WSTe 中的拓扑相变

用吉布斯自由能计算了 1T′-WSTe 和 1H-WSTe 的热力学稳定性。由公式 $E_{\text{gib}} = E_{\text{coh-WSTe}} - (n_W E_{\text{coh-W}} - n_S E_{\text{coh-S}} - n_{\text{Te}} E_{\text{coh-Te}})/(n_W + n_S + n_{\text{Te}})$ 计算。式中，$E_{\text{coh-WSTe}}$、$E_{\text{coh-W}}$、$E_{\text{coh-S}}$ 和 $E_{\text{coh-Te}}$ 分别是 WSTe 化合物、金属钨（W）、单质硫（S）和单质碲（Te）的内聚能；$n_W(n_S, n_{\text{Te}})$ 是在 WSTe 化合物中原子的个数。$E_{\text{coh-W}}$、$E_{\text{coh-S}}$ 和 $E_{\text{coh-Te}}$ 是元素中最稳定单质的内聚能。在目前的工作中，选择纯金属 W、单质 S 和单质 Te 作为参考系统，即它们的吉布斯自由能设置为 0。负（正）吉布斯自由能值表示能（不能）通过混合纯金属 W、单质 S 和单质 Te 被合成。计算 1T′-WSTe 和 1H-WSTe 的吉布斯自由能值分别为 -3.304eV/atom 和 -0.362eV/atom。初始 1T′-WSeTe 构型的能带和边界局域态密度图如图 D-1 所示。

计算初始 1T′-WSTe 构型的声子谱并出示在图 D-2 中。它表明初始的 1T′-WSeTe 构型是拓扑平庸的。Γ 点附近有一个小的虚频，这是二维材料在一般情况下不可避免的，由此可以判断，1T′-WSTe 结构具有动力学稳定性。

采用 $6\times3\times1$ 的超胞，时间步长为 1fs，在室温下开展从头计算的分子动力学（MD）模拟来研究 WSTe 薄膜结构的热稳定性。总的模拟时间达到了 3.4ps，1T′-WSTe 薄膜结构在模拟结束后的原子结构显示在图 D-3 中。由模拟可知，在 MD 模拟过程中总能量在平衡态附近来回振荡。结果表明，在室温下，单层 1T′-WSTe 结构具有热力学稳定性。

在考虑 SOC 的情况后，1T′-WSTe 在双轴应变下的能带如图 D-4 所示，发现它的能带的带隙不明显。

在考虑 SOC 的情况后，1T′-WSTe 在不同应变下沿 a 方向的能带图并显示在图 D-5 中，我们发现在 -4% 和 4% 的情况下能带有明显的带隙。

此处用不同的单轴应变下总能量来表征 1T′-WSTe 的应变稳定性，计算结果如图 D-6 所示，发现 $\pm4\%$ 的单轴应变仍然在弹性限度范围之内。

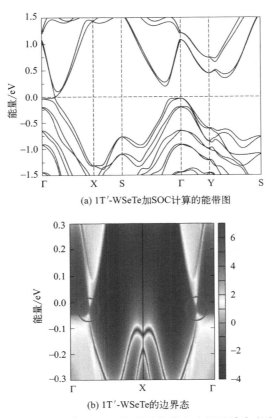

(a) 1T′-WSeTe加SOC计算的能带图

(b) 1T′-WSeTe的边界态

图 D-1 初始 1T′-WSeTe 构型的能带和边界局域态密度图

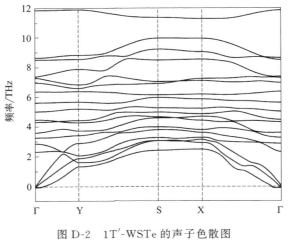

图 D-2 1T′-WSTe 的声子色散图

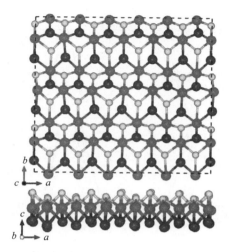

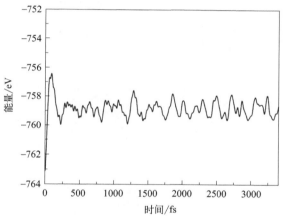

图 D-3　MD 模拟后原子结构和总能量随时间变化图

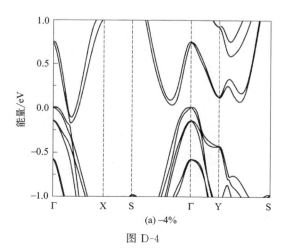

(a) -4%

图 D-4

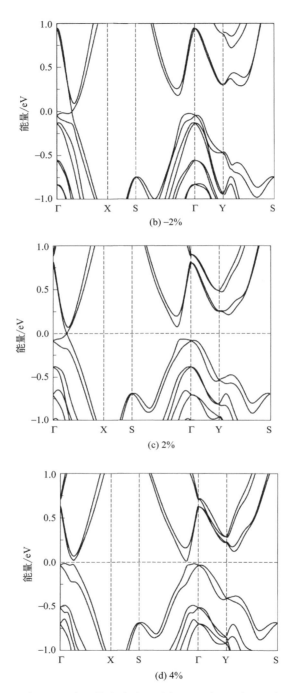

图 D-4　1T'-WSTe 在双轴应变为 -4%、-2%、2% 和 4% 的能带图

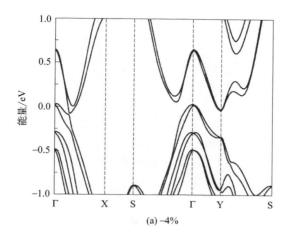

(a) −4%

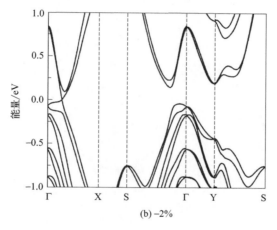

(b) −2%

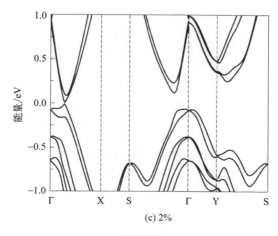

(c) 2%

图 D-5

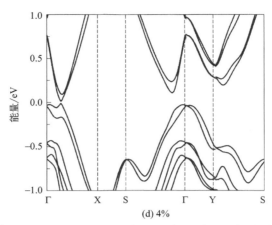

(d) 4%

图 D-5　1T′-WSTe 沿 a 方向在 －4％、－2％、2％ 和 4％ 的应变下的能带图

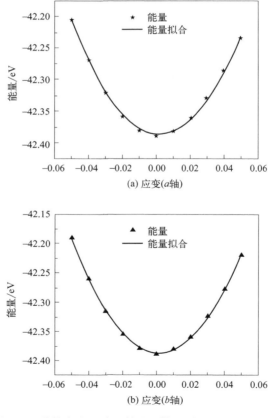

图 D-6　单轴应变下沿 a 轴和 b 轴不同方向的总能量图

附录 E 有机无机杂化钙钛矿的铁电性

第 I 部分

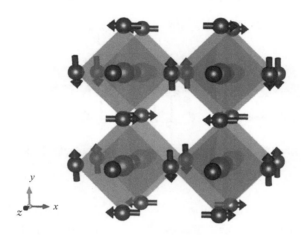

(a) 点M(0.5, 0.5, 0.5)处的面内旋转

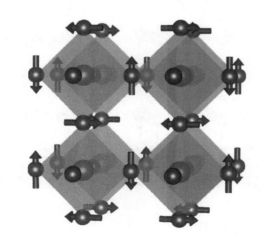

(b) 点R(0.5, 0.5, 0.5)处的面外旋转

图 E-1 高对称立方相布里渊区边界的不稳定八面体旋转模式示意图

第Ⅱ部分

NH_4PbI_3 立方相的 $p(2\times1\times1)$ 超胞能量涨落见表 E-1，相关的原子结构见图 E-2。这里所有的无机原子都固定在高度对称的位置上。局域偶极子排列方式不同，晶格总能量也不同，最大能量变化在 $50\,meV/f.u.$ 以下。进一步证实了分子之间的相互作用相对较弱，在有限温度下，立方相有完全畸变的趋势。

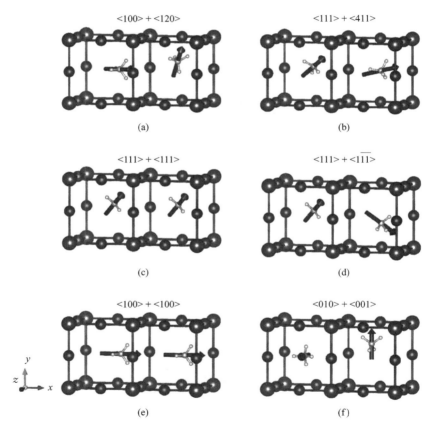

图 E-2 选择立方相 NH_4PbI_3 的 p（2×1×1）超胞的 6 种局部稳定构型
所有的无机原子都被固定在高对称位置上，而 NH_4 分子的位置被优化。
局域偶极子的方向用箭头突出表示。

表 E-1　具有不同局域偶极子排列的 p(2×1×1) 超胞对应的不同构型的能量增益

类型	结构	能量增益/(meV/f.u.)
a	<100>+<120>	−110
b	<111>+<411>	−129
c	<111>+<111>	−134
d	<111>+<$\overline{11}$>	−128
e	<100>+<100>	−137
f	<010>+<001>	−158

第 Ⅲ 部分

研究 $CsPbI_3$ 的四方相，并与 NH_4PbI_3 的进行比较，如图 E-3 所示，从非极性的 $a^-a^-c^-$ 型无机框架开始，在 $CsPbI_3$ 的 T1 至 T5 相中，随着 Cs 原子向局域笼子的几何中心偏移，总能量不断增加。这表明当 NH_4 分子被无机 Cs 原子取代时，NH_4 分子的局域稳定位点不再优先。还证实了非零局域偶极子是氢键作用的结果之一。

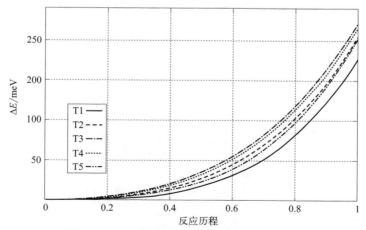

图 E-3　NH_4 分子被 Cs 原子取代的能量演化

在无机框架固定于 $a^-a^-c^-$ 型的八面体旋转中，NH_4 分子被 Cs 原子取代的 5 种构型（T1 至 T5）中 Cs 位移的能量演化如图 E-3 所示。与 NH_4PbI_3 分子的情况类似，这些 Cs 原子被人为地从局域笼子的几何中心转移到 NH_4 分子的局域稳定位点。位移的振幅被重整化到 0~1 的范围内。在这里，右边的值 1 表示 Cs 原子位于 NH_4 分子局域稳定位置的构型。左边的原点表示将无机骨架保持在 $a^-a^-c^-$ 相中，并将 Cs 原子保持在局域笼子的几何中心的参考相。

第Ⅳ部分

如图 E-4 所示，当偶极子距离大于偶极子长度时，双偶极子系统的柱势能可表示为：

$$\varepsilon_p = -\frac{u_i u_j}{r^3}[2\cos\theta_i \cos\theta_j - \sin\theta_i \sin\theta_j \cos(\varphi_i - \varphi_j)]$$

式中，$u_i = qd$；r 是连接每个偶极子中心的两个偶极子之间的距离。这个能量依赖于偶极子的振幅和它们之间的相对方向。当该模型应用于 NH_4PbI_3 的四方相时，偶极子是由 NH_4 的位移产生的，它们在无机笼子中的方向有两种情况：沿 <111> 方向或单个局域笼子的 $<\overline{111}>$ 方向。当两个偶极子沿着相反的方向，有 $\theta_i + \theta_j = \pi$ 和 $\varphi_i - \varphi_j = 0/\pi$。因此，势能被更新，$\varepsilon_p = \pm \frac{u_i u_j}{r^3}(3\cos^2\theta_i - 1)$，正号和负号分别对应于两个偶极子沿相同方向和相反方向的情况。

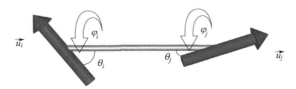

图 E-4 双偶极子系统的示意图

θ_i 和 θ_j 标记出偶极子的方向和连接每个偶极子中心的轴线之间的角度。

偶极子绕轴线旋转的角度标记为 φ_i 和 φ_j。

在四方相$\sqrt{2}\times\sqrt{2}\times 2$的超胞中,其总势能为四个笼子的总势能之和:

$$E = \sum_{i=1,2,3,4} \sum_{j} \frac{u_i u_j}{r^3}(3\cos^2\theta_{ij} - 1)$$

式中,i 表示超胞中所研究的 4 个笼子;相邻的笼子用 j 表示。由于偶极子之间的距离增加,柱间相互作用显著减少,因此总势能主要由相邻的偶极子贡献。如图 E-5 所示,只考虑沿<100>方向上的第一个最近邻,沿<110>方向上的第二最近邻,沿<111>方向上的第三个最近邻。

在这些条件的约束下,势能方程可简化为:

$$U = \sum_{i=1,2,3,4}\left[K_1 \sum_{j\in <100>} \frac{(-1)^m}{r^3} + K_2 \sum_{j\in <110>} \frac{(-1)^m}{r^3} + K_3 \sum_{j\in <111>} \frac{(-1)^m}{r^3}\right]$$

沿不同方向上的偶极子-偶极子之间的相互作用系数可表示为 K_m,其中 $m=1,2,3$。K_m 的值依赖于化合物,可视为有效背景。

结合第一性原理计算,这个模型很好地解释了局域偶极子之间的相互作用。因此,T1 至 T5 相之间的能量差源于偶极子-偶极子之间的相互作用。

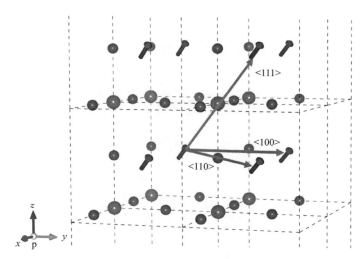

图 E-5　p(2×2×2) 超胞的局域偶极子示意图

无机笼子的边界用黑色虚线表示,短箭头表示局域偶极子。

沿<100><110>和<111>方向上最近的偶极子分别用长箭头突出表示。